湛庐CHEERS

与最聪明的人共同进化

HERE COMES EVERYBODY

性的进化

科学大师书系

[美]
贾雷德·戴蒙德 著
Jared Diamond
魏薇 译

Why Is Sex Fun？

天津出版传媒集团
天津科学技术出版社

天津市版权登记号：图字 02-2020-216 号

图书在版编目（CIP）数据

性的进化 / (美) 贾雷德 · 戴蒙德（Jared Diamond）著 ; 魏薇译 . — 天津 : 天津科学技术出版社 , 2020.12

书名原文 : Why Is Sex Fun : The Evolution of Human Sexuality

ISBN 978-7-5576-8635-2

Ⅰ . ①性… Ⅱ . ①贾… ②魏… Ⅲ . ①性－进化－研究 Ⅳ . ① Q111.2

中国版本图书馆 CIP 数据核字 (2020) 第 164670 号

性的进化
XING DE JINHUA
责任编辑：王　冬
责任印制：兰　毅
出　　版：天津出版传媒集团 / 天津科学技术出版社
地　　址：天津市西康路 35 号
邮　　编：300051
电　　话：（022）23332377（编辑部）
网　　址：www.tjkjcbs.com.cn
发　　行：新华书店经销
印　　刷：河北鹏润印刷有限公司

开本 880 × 1230　1/32　印张 7.25　字数 122 000
2020年12月第1版第1次印刷
定价：69.90元

致玛丽，

我的挚友、爱人和妻子

前　言

基因的未解之谜

“性”是一个令人感兴趣的话题。它既可以给我们带来强烈的愉悦感，也常常带来痛苦，其中许多痛苦都源自男女两性之间与生俱来的固有冲突。

人类的性是如何进化为如今的模式的？对于这个问题，本书将带你一探究竟。许多人都没有意识到，与其他现存的动物相比，人类的性行为是多么独树一帜、不同寻常。据科学家推测，就连与人类关系最近的类人猿祖先的性生活也与现代人类的完全不同。一定有某些独特的进化力量在祖先身上发挥了作用，令人类变成了如今这个样子。那么，这究竟是些什么样的力量？人类又有哪些真正的奇异之处呢？

了解人类的性的进化过程不仅是一个有趣的话题，还有助于我们理解人类独有的一些特征，比如文化、语言、亲子关系以及对复杂工具的掌握等。虽然古生物学家将这些特征的进化归功于人类脑容量的扩大和直立行走，但我认为，人类奇异的性行为对上述特征的进化也同样至关重要。

人类的性有许多异乎寻常的地方。例如，女性有更年期、男性在人类社会中的角色、离群性交、以娱乐而非生殖为目的的性行为、女性的乳房在发挥哺乳功能之前便会隆起，等等。在外行看来，这些都是自然而然的特征，不值一提，不过当他们认真思考后便会发现，这些特征很难通过常理来解释。在本书中，我还会论及男性阴茎的功能，以及由女性而非男性给婴儿哺乳的原因。这两个问题的答案看似显而易见，却都隐藏着令人困惑不解的奥秘。

本书不会教授具体的性行为方式，也无助于减轻痛经和更年期的不适。它也无法帮你缓解另一半出轨、对孩子漠不关心或是只顾孩子带来的痛苦。但是，这本书能帮你了解身体为何会有这些感觉，爱人为何会有这种行为。此外，本书还能让你了解自己为何具有某些趋于自我毁灭的性倾向，一旦了解了这些，你就能远离直觉式冲动，以更智慧的方式驾驭自己的内心。

本书某些章节的部分内容曾以文章的形式发表在《发现》(*Discover*）和《博物学》(*Natural History*）杂志上。我很庆幸自己能有机会与身为科学家的同事进行讨论，聆听不同的声音。感谢罗杰·肖特（Roger Short）和南希·韦恩（Nancy Wayne）对整篇文稿的审读；感谢约翰·布罗克曼（John Brockman）[①]向我邀稿。

---

① 美国著名的文化推动者、出版人，“第三种文化”领军人，“世界上最聪明的网站”Edge 的创始人。他旗下汇集了一大批世界顶尖的科学家和思想家，每年就同一话题进行跨学科讨论，讨论成果“对话最伟大的头脑”系列作品中文简体字版已由湛庐文化策划出版。——编者注

目　录

前言　基因的未解之谜 / III

01　最怪异的性行为 / 001

哺乳动物的性行为和人类的性行为 / 007
人类独特的性征 / 013
性征的进化 / 016

02　两性之战 / 023

谁来养育后代 / 029
谁对后代的投入更多 / 032
错失的机会 / 036
交配后“抛妻弃子”的例外情况 / 039
人类的两性之战 / 052

03　奶爸为什么没有奶 / 059

性染色体的作用 / 064
两性的遗传差异 / 066
泌乳现象的产生 / 070

雄性的泌乳 / 073
进化承诺的现象 / 077
进化下的泌乳现象 / 084
用性哺乳的可能性 / 087

04 **错时之爱 / 091**
排卵期的隐秘性与对性行为的持续接纳 / 097
为什么排卵期具有隐秘性 / 104
排卵期具有隐秘性的物种的共同特点 / 113
排卵期的隐秘性与配偶体系的关系 / 123
隐秘的排卵期的进化意义 / 126

05 **男人有什么用 / 131**
男性狩猎行为的起因 / 138
养家还是卖弄 / 146
男人有什么用 / 150

06 **以少胜多 / 153**
对女性更年期的讨论 / 157
不可抗拒的衰老 / 164
特别的绝经期 / 169
绝经期存在的进化基础 / 173
绝经期进化的驱动力 / 179
有绝经期存在的其他物种 / 184

07 **广而告之的真相 / 187**

动物信号 / 192
有关性信号的三个理论 / 195
人类的信号 / 199
三组人类信号 / 202
性装饰物是否具备进化意义 / 207
性进化的神奇 / 210

扫码下载“湛庐阅读”App，
搜索“性的进化”，
获取趣味测试彩蛋。

WHY IS SEX FUN?

01

最怪异的性行为

如果你家狗狗和人类一样会思考，并且还会说话，那么不妨问问它对你的性生活有何看法。狗狗的回答可能会出乎你的意料，它或许会这样说：

> 那些不懂节制的人类啊！每个月中的任何一天都有可能发生性关系！芭芭拉那个女人，竟然在明知自己根本不可能怀孕的情况下，比如月经刚结束时，还提出要求。约翰这个家伙，无论什么时候都对性行为热情高涨，根

本不管这样做能否孕育出后代。这些都不算什么，还有更令人匪夷所思的。芭芭拉在怀孕之后，居然还跟约翰做爱！最令人费解的是，当约翰的父母来家里小住时，我居然听到了他们发生性行为的声音。约翰的妈妈在很多年前就已经告别了更年期，根本不可能再生孩子了，但她还想着做那种事，而约翰的爸爸竟然满足了她。这纯属是浪费资源！最奇怪的是，芭芭拉和约翰，还有约翰的爸妈，都会关上房门私下里做爱，完全不像我们这些自尊自爱的狗狗，会光明磊落地在众亲友面前完成交配这项伟大的事业！

若想理解狗狗的观点，你就不能拘泥于人类的视角，不能将以往你想到的所谓的正常性行为作为标准。因自己的行事标准不同而盲目贬斥他人，越来越多地被视为狭隘和带有偏见的行为。在形容这些偏见时，人们有时会用一些带有“主义”二字的词，如种族主义、性别主义、欧洲中心主义、菲勒斯中心主义（phallocentrism）[①]。在这一连

① 菲勒斯中心主义认为，男性优于女性，即男性对人类所有事物都具有合法的、通用的参照意义。——编者注

串不太好的“主义”之外，动物保护者还加上了一个“物种主义”。人类的性行为也充满了物种偏见和“人类中心主义”，相较于世界上其他 3 000 万种动物，这实在是怪异至极。同样，以数百万种植物、真菌和微生物的标准来看，人类的性行为也很反常。不过，我并不打算在如此广泛的范围内进行探讨，因为我自己也还未摆脱“动物中心主义”。本书主要探索的是人类的性行为，也偶尔会将研究范畴扩展至动物，但也仅限于动物。

我们先来看看世界上约 4 300 种哺乳动物眼中的正常性行为。对于绝大多数哺乳动物来说，进行交配的雄性和雌性并不会组建家庭共同抚养后代。许多成年的雄性和雌性在繁殖期都过着独居生活，只有在交配时才会待在一起。大部分雄性动物并不会照料子女，精子是它们对后代和临时伴侣的唯一贡献。

就连那些最具社会性的哺乳动物都不会在种群中雌雄成对生活，譬如狮子、狼、黑猩猩，以及许多有蹄类哺乳动物。在这类种群中，成年雄性不会将某只幼崽当成自己的后代，更不会无视其他幼崽而只照顾其中一只。事实上，直到最近几年，研究狮子、狼和黑猩猩的科学家通过

DNA 检测技术，才找出了种群中具有“父子关系”的个体。不过，共性之中也存在例外。有少数成年雄性哺乳动物也会照顾后代，例如，有多个配偶的雄性斑马、妻妾成群的大猩猩、出双入对的长臂猿，以及“一妻二夫”的雄性绢毛猴。

具有社会性的动物的性行为一般发生于众目睽睽之下，毫不避讳。举例来说，发情期的雌性巴巴利猕猴（Barbary macaque）会与种群中的每一只成年雄性交配，而且丝毫不在乎有其他雄性在旁观摩。我们所知道的最为详细的例外发生在黑猩猩种群中。成年的雄性黑猩猩和处于发情期的雌性黑猩猩会离群生活几天，人类观察者将其称为伴侣时期。然而，在这期间，发情期的雌性黑猩猩除了与伴侣秘密交配外，还会与其他成年雄性黑猩猩在大庭广众之下交配。

绝大多数雌性哺乳动物都会在排卵期这个易受孕却稍纵即逝的时期内，利用各种方式展示自己。它们可能会利用视觉（比如阴道附近的皮肤会变成鲜红色）、嗅觉（比如释放出某种独特的气味）、听觉（比如发出叫声），或是用实际行动发出邀请（比如在成年雄性面前叉开腿蹲下，将阴道展露出来)。雌性只有在可能受孕的日子里才会主动要求发生性行为，其他时候则会无视性唤起的信号，对雄性不屑一顾，因此兴致勃勃的雄性常常遭到拒绝。由此可见，这类性行为并不是以娱乐为目的的，而是与雌性的生育功能密不可分。当然，这种普遍现象也同样存在例外。比如，对于包括倭黑猩猩和海豚在内的少数物种来说，性和生育是可以分开的。

在绝大多数野生哺乳动物种群中，更年期现象并不普遍。更年期是指，在一段比先前的生育期短得多的时间内，雌性逐渐丧失生育能力，进入一段很长的不能生育的时期。然而，对于野生哺乳动物而言，要么至死保持着生育能力，要么生育能力随着年龄的增长逐渐下降。

哺乳动物的性行为和人类的性行为

我们来对比一下哺乳动物和人类正常的性行为。以下所列举的人类的性征都是我们习以为常的人类“常态”：

1. 在大多数人类社会中，男性和女性会结成长期的配偶关系，也就是婚姻。社会中的成员将这种关系视为一种契约，双方共同承担责任。配偶之间会反复发生性行为，彼此是对方唯一的性伴侣。

2. 除了组成性联盟之外，婚姻还促使两性形成共同养育后代（性行为的成果）的伙伴关系。一言以蔽之，男性和女性会共同照顾孩子。

3. 虽然丈夫和妻子组成了固定的配偶关系（少数社会也有一妻多夫或一夫多妻的情况），但他们不会像长臂猿那样独占一块他人不得擅入的领地，而是与其他结成配偶关系的人们在经济上展开合作，共同生活在一个社会中，共享公共领地的准入权。

4. 婚姻中的配偶总是在私下发生性关系，不会有其他人类在场。

5. 女性的排卵期很隐秘，不会广而告之。这也就是说，排卵前后的短暂受孕期很难被性伙伴或女性自身发现。女性对性行为的接受度不仅完全不受孕期的限制，反而贯穿于月经周期的大部分时间，甚至全部时间。因此，人类的绝大多数性行为都发生在不宜怀孕的时候。由此可见，人类性行为主要以追求性快感为目的，而非孕育后代。

6. 到了四五十岁，女性会经历更年期，逐渐丧失生育能力。一般来说，男性没有更年期。虽然个别男性的生育能力可能会在某个年龄段出现问题，但总体来说，男性没有以年龄作为划分标准的生育终止期。

既然存在常态，就一定存在对常态的违背。某个现象之所以会被称为“常态”，不过是因为其出现的频率比相反现象（即“对常态的违背”）更高而已。这一点不仅适用于人类的性常态，也适用于其他常态。在了解上述内容之后，读者一定会去思考普遍现象中的例外情况。不过，即使存在例外情况，普遍现象依然代表着大多数。举例来说，一方面，在一夫一妻制受到法律和习俗认可的社会中，依然存在婚外性行为、婚前性行为，以及发生在非长期关系中的性行为。另一方面，古往今来，虽然人类始终未能抵挡一夜情的诱惑，但许多人仍然维持着长达数十年的忠贞关系，而老虎或猩猩除了一夜情之外，并没有其他性关系。过去半个世纪发展起来的 DNA 亲子鉴定技术证明，在美国、英国和意大利，大多数宝宝的父亲的确是妈妈的丈夫或固定男友。

如果将人类社会归类于一夫一妻制社会，可能会遭到某些读者的反驳。动物学家在描述斑马和大猩猩的社会关系时，会采用“妻妾成群”这个说法，而它最初是用来描述阿拉伯地区的社会制度的。的确，许多人类社会沿袭并遵循着一夫一妻制。不过，一夫多妻制，即一位男性同时拥有多位妻子并长期保持这种两性关系，在当今某些国家依然是合法的。事实上，在国家制度兴起之前，一夫多妻制普遍存在于绝大多数传统的人类社会。然而，即使在遵循一夫多妻制的社会中，大部分男性在特定时间段内仍然只有一位妻子，只有特别富有的男性才能同时拥有多位妻子，并长期维持这种状态。每当提到“一夫多妻制”这个词时，我们的脑海中就会出现妻妾成群的场景。虽然某些阿拉伯国家和印度皇室仍然保留着这样的制度，但就人类的进化过程而言，这类保留一夫多妻制的社会都兴起得较晚，而且财富都集中在少数人手中。由此可见，普遍现象依然是：在任意给定的时间段内，人类社会中的大多数成年人都保持着长期的配偶关系，即被大多数法律认可的一夫一妻制。

读者也有可能会反驳这样的观点：婚姻促成了男女共同养育后代的伙伴关系。在大多数情况下，母亲对孩子的投入远远超过了父亲。在现代社会中，一些未婚母亲在成年人中占了很大比例，而在传统社会，未婚母亲若想独立养育孩子则十分困难。不过，普遍情况依然是：大多数孩子都会从父亲那里获得照料。这种照料表现为日常的照顾、教育、保护，以及提供食物、住所和金钱。

人类性行为的所有特征构成了我们假定的正常现象，这些特征包括：保持长期的性伴侣关系、共同养育子女、与其他结成性伴侣关系的人保持社会交往、保持性行为的私密性、排卵期具有隐秘性、女性对性接受度的延长、以娱乐为目的、女性有更年期等。因此，在了解诸如海豹、袋鼬或猩猩这类与人类截然不同的动物的奇怪性行为后，我们的内心五味杂陈，无法想象世界上还有如此怪异的事情。这种观点就属于物种主义，或是人类优越主义。以世界上其他哺乳动物，甚至人类的近亲——猩猩科（黑猩猩、倭黑猩猩、大猩猩和猩猩）的标准来看，人类的性行为才是真正的怪异。

然而，我的思想境界不仅连物种主义的反面——动物中心主义的高度都没有达到，还掉入了哺乳动物中心主义的陷阱。如果以非哺乳动物的标准来看，人类会不会显得正常一些呢？非哺乳动物的性行为和社会体系的确比哺乳动物更丰富多彩。绝大多数哺乳动物的幼崽都由母亲负责养育，而父亲什么都不管。对于某些鸟类、蛙类和鱼类来说，父亲则是后代的唯一看护者。在某些深海鱼类物种中，雄性会像寄生虫般吸附于雌性身体之上。有些非哺乳动物的雌性会在交配之后立刻将雄性吃掉，比如某些种类的蜘蛛和昆虫。人类和许多其他哺乳动物都能多次繁育后代，而鲑鱼、章鱼以及许多动物一生只能进行一次终极大爆炸式的繁殖，也就是终生只能产一次卵：在唯一一次繁殖之后，它们便进入了命中注定的死亡模式。某些鸟类、蛙类、鱼类、昆虫以及某些种类的蝙蝠和羚羊在求偶时，采用的是同一种“求偶场”策略：众多雄性占据同一地点，不断在前来参观的雌性面前寻求关注。当雌性选好配偶后（在通常情况下，多只雌性会选择同一只备受青睐的雄性），两者会进行交配，然后各自离去。接下来，雌性会在没有雄性帮助的情况下养育后代。

有些物种在性行为方面与人类存在相似之处。欧洲和北美洲的多数鸟类都至少会在一个繁殖季节维持固定的配偶关系，有些甚至会持续一生，双方会共同照料幼鸟。与人类有所不同，这些鸟类中的大多数都会在结成伴侣之后占据一方其他鸟类不得擅闯的领地。不过，大多数海鸟在出双入对、繁殖后代的过程中，会与其他海鸟保持亲密接触，这点与人类相似。鸟类与人类的不同之处在于：鸟类会大肆宣扬排卵期、雌性对雄性的接纳和性行为的发生主要在排卵期前后的受孕期、性行为并非以娱乐为目的、各自结成伴侣关系的鸟儿之间很少开展合作。相比之下，倭黑猩猩则在某些方面与人类非常相似：雌性对雄性的接纳会贯穿长达几周的发情期、性行为主要以娱乐为目的、种群中的许多成员都会参与一些合作。不过，倭黑猩猩的种群中并不存在类似人类社会的固定的伴侣关系，它们也不会像人类那样将排卵期隐藏起来，父亲也不会照料后代，甚至连哪个孩子是自己的都不知道。上述所有物种的雌性都不存在明确的更年期。

人类独特的性征

非哺乳动物中心主义的观点也强化了狗狗的观点：人类才是最怪异的物种。我们一边观察着孔雀和袋鼬的性行为，一边大惊小怪，实际上，这些物种的性行为并没有什么特异之处，而人类才是最标新立异、独树一帜的那一个。坚持人类优越主义的动物学家不厌其烦地构想着新理论，试图解释为什么锤头果蝠（hammer-headed fruit bat）进化出了求偶场交配体系。然而，真正需要解释的应该是人类的交配体系。人类为什么能进化出如此独特的性行为呢？

如果将人类与其在哺乳动物中的近亲——巨猿（与长臂猿或小型猿类相区分）进行比较，这个问题会变得更加突出。在亲缘关系上，与人类最近的是非洲黑猩猩和倭黑猩猩。人类与它们在 DNA 上的差异只有 1.6%。我们与大猩猩（差异为 2.3%）和猩猩（差异为 3.6%）在亲缘关系上也比较近。人类祖先与黑猩猩、倭黑猩猩祖先的“分离”仅仅发生在 700 万年前，与大猩猩祖先的“分离”发生在 900 万年前，与猩猩祖先的“分离”发生在 1 400 百万年前。

虽然相比于人类的寿命，千百万年似乎无比漫长，但从进化的尺度来看，这不过是弹指一挥间。生命已在地球上存在了 30 多亿年。带有硬壳的、结构复杂的大型动物在 5 亿年前出现了爆炸式的增长。人类祖先和类人猿祖先分为两支，各自进化，在这个相对较短的时间内，人类仅在有限的几个重要方面进化出独有的特点，例如直立行走和脑容量变大等，这些变化虽然发生得比较缓慢，却影响深远，最终造就了人类独特的行为特征。

除了直立行走和脑容量较大之外，将人类祖先和类人猿祖先区分开来的决定性因素还有性征。猩猩通常会独居，雌性和雄性只有在交配时会进行互动，而且雄性不会照料幼崽。雄性大猩猩通常拥有几个雌性配偶，不过，对于它的任何一位“妻子”而言，每两次性行为的时间间隔通常为好几年，也就是等雌性给最小的幼崽断了奶，月经恢复正常，可以再次受孕之后，雄性才能得到与之亲近的机会。黑猩猩种群和倭黑猩猩种群中并不存在持久的两性伴侣关系，也不存在特定的父子关系。很明显，人类脑容量的增大和直立行走对人类文明的诞生与发展起到了决定性的作用。如今，人类有自己的语言，可以读书、看电视、消费或生产食物；游览各大洲大洋；将人类自身或其他物种关进笼子里；大肆消灭其他动植物。而类人猿仍然只会嚎叫，在雨林中摘野果；盘踞在热带地区的栖息地里；绝对不会将动物关进笼子，也不会威胁到其他物种的生存。那么，在上述这些人类文明成就从无到有的过程中，人类怪异的性行为究竟发挥了怎样的作用呢？

独树一帜的性征是否与人类和类人猿的其他区别有关呢？除了直立行走和脑容量较大这两个特点之外，人类还有其他特点，比如相对于其他动物而言，没有那么多毛发；非常依赖工具；会控制并利用火；发展了语言、艺术和文字。这些特点很可能是前述两大特点的产物。我们不能说这些特点令人类更倾向于进化出既有的独特性征，因为其间的关联性非常不明确。举例来说，我们无法证明毛发的减少会使以娱乐为目的的性行为变得更具吸引力，也证明不了火的利用会带来更年期。因此，我想在此提出一个相反的观点：相较于火的使用以及语言、艺术和文字的发展，以娱乐为目的的性行为和更年期的作用与直立行走和脑容量较大的作用同样重要。

性征的进化

了解人类性征的关键在于，要充分认识到它是进化生物学的课题之一。达尔文在《物种起源》一书中对生物进化现象进行了讨论，他所引述的绝大部分例子都与解剖学有关。经过分析，他提出，动物和植物的身体结构会逐渐进化，随着世代的更替而发生改变。他还提出，进化背后的巨大推手是自然选择。达尔文的自然选择理论认为，从解剖学的角度来看，动植物具有不同的适应性，而某些特定的适应性能让个体拥有更强大的生存和繁殖能力，因此，随着世代的更替，这些特定的适应性在种群中出现的频率会越来越高。后来，生物学家发现，达尔文以解剖学为基础所做的推理同样适用于生理学和生物化学领域。动植物的生理和生物化学特征使其适应了特定的生存方式，而且这些生存方式会随着环境条件的变化而进化。

进化生物学家发现，动物的社会体系具有适应性，并且会进化。就连那些亲缘关系很近的不同物种都具有适应性和进化能力，无论它们是独居，还是生活在小群体中，抑或生活在大规模的种群中。社会行为也会对物种的生存和繁殖产生影响。比如，物种的食物是源于一处还是多处，被掠食者袭击的风险是高还是低，等，这些都会影响到物种的生存方式：是独居还是群居能获得更高的生存率和繁殖率。

同样的道理，食物的来源、食肉动物的威胁和其他生物学上的特征也会影响性征的进化。有些性征也许要比其他方式更适于生存和繁衍。我们先来看一个例子：蚕食性伴侣。初看之下，这种行为与进化的逻辑截然相反。某些种类的蜘蛛和螳螂的雌性在交配刚刚结束，甚至还没完成时，就会将雄性吃掉。这种同类相食的习性显然得到了雄性的“认可”，因为这些物种的雄性会主动接近雌性，根本没有想要逃跑的意图，它们甚至会将头部和胸部送到雌性嘴边，任由雌性一口一口地将自己吃掉。而此时，雄性的腹部依然与雌性紧紧相连，只为在最后一刻完成关键任务：将精子射入雌性体内。

如果将自然选择的终极目标理解为实现生存率的最大化，那么这种自杀式的同类相食行为根本说不通。实际上，自然选择的目标是实现基因传递的最大化。在多数情况下，生存不过是提高基因传递概率的一个策略。在基因传递的机会无法预测且非常难得的情况下，雌性营养条件的改善会增加延续该基因的后代的数量。

这正是那些种群密度较低的蜘蛛和螳螂所面临的现状。对于雄性而言，能遇到一只雌性已实属难得，这样的好事不太可能发生第二次，最佳的策略就是在遇到雌性并进行交配时尽可能多地留下携带有自身基因的后代。对于雌性来说，营养储备量越大，就会有越多的热量和蛋白质可供转移到卵中。而那些交配之后活着离开的雄性如果不能在万难之中碰到第二只雌性，接下来的生存就毫无意义。通过鼓励雌性将自己吃掉，雄性得以让雌性产下更多携带自身基因的卵。另外，雌性蜘蛛将全部心思都用在了将雄性蜘蛛吃掉这件事上，这也让雄性得以与雌性有更多的时间进行交配，进而将更多的精子送入雌性体内，使更多的卵受精。

雄性蜘蛛的进化逻辑是完全合理的，人类之所以觉得古怪，不过是因为人类的生物学特征使吞食性伴侣这一策略无法体现出优势。这其中的主要原因是，绝大多数男性一生中都有多次“交配”的机会；就算是营养状况非常好的女性，通常每胎也只能产下一个婴儿，偶有双胞胎或多胞胎出现；而且，女性也不可能一次吃掉一个壮汉，更不可能由此获得孕期所需的大量营养。

这个例子反映了不同物种的不同生态学和生物学特征对物种的性策略具有决定性的作用。蜘蛛和螳螂吞食性伴侣的策略源于种群密度较低和雌雄两性相遇机会较少等生态学特征，以及雌性消化大量食物的能力、在营养条件良好的情况下可以大量增加产卵的数量等生物学特征。在个体进入全新的栖息地并安营扎寨之后，其生态学特征会立刻发生改变。不过，安了新家的个体身上依然携带着遗传所得的生物学特征。这些生物学特征只能通过自然选择来实现缓慢变化。因此，我们不能只以物种的栖息地和生存方式为参考，纸上谈兵式地设计出与该物种栖息地和生存方式相匹配的性征，并因为发现其没有进化出所谓的最优性征而大惊小怪。事实上，性征的进化极大地受制于遗传特征和该物种的进化史。

举例来说，大多数鱼类都是雌性负责产卵，雄性负责孵化。而所有有胎盘类哺乳动物和有袋类哺乳动物都是胎生，而非卵生。所有哺乳动物都必须进行体内受精（雄性将精子射入雌性体内）。产卵孵化和体内受精这两种策略都经历了漫长的生物学适应过程。几千万年来，有胎盘类哺乳动物和有袋类哺乳动物始终坚守着这些策略。正如我们所看到的，这些遗传特征能够解释为什么哺乳动物中不存在由雄性独自养育后代的物种。然而，在这些哺乳动物的栖息地中，与之为邻的鱼类和蛙类皆由雄性负责养育后代。

由此可见，我们需要重新定义由人类怪异的性行为引发的一系列问题。700 万年来，相较于人类的近亲黑猩猩，人类的性解剖结构出现了些许不同，性生理学差别更大，而性行为的差别尤甚。这些差别一定能反映出人类和黑猩猩在生活环境与生存方式上的差异，同时这些差别也一定受到了遗传因素的制约。那么，使人类进化出怪异性行为的生存方式的差异性和遗传因素的制约性，究竟体现在哪些方面呢？

WHY IS SEX FUN?

02

两性之战

通过第 1 章我们了解到，若想深入了解人类的性征，我们必须先要抛开人类狭隘的视角。人类的父母发生性行为之后通常会继续待在一起，并双双投入养育后代的工作中。就这一点而言，人类这种动物的确颇具特色。没有人敢断言，男性和女性在养育后代这件事上所做出的贡献是等价的。在绝大多数婚姻中，甚至在绝大多数社会中，两性对生儿育女这个过程的付出都极不平等。而父亲多少都会为孩子做些事，哪怕只是提供食物、保护和住所，也算是尽了些做父亲的义务。人类将父亲对孩子的付出视为应尽的义务，并将这些义务写入了法律：离婚后，父亲也被要求继续为孩子提供经济支持。未婚母亲可以通过基因检测来证明孩子与父亲的亲子关系，并以此为依据向法院提起诉讼，要求父亲为孩子提供经济支持。

然而，这一切都仅是从人类的视角来看待性行为的。在其他动物眼中，尤其在哺乳动物看来，性别平等简直是天方夜谭。如果猩猩、长颈鹿以及其他哺乳动物能够表达自己的态度，它们一定会认为人类的儿童抚养法案荒谬至极。绝大多数雄性哺乳动物在完成交配任务之后，就会和自己的伴侣及孩子分道扬镳，因为它们要忙着追求其他雌性，以继续自己的交配大业。普遍来看，在育儿这件事上，不仅是雄性哺乳动物，实际上所有的雄性动物付出的都比雌性少得多，有些甚至可以忽略不计。

当然，也存在一些超脱于这种普遍存在的沙文主义模式的例外情况。比如矶鹞和斑鹬等鸟类都由雄性来负责孵化并养育幼鸟，而雌性会离开它们去寻找下一只雄性进行交配，并为其产下相应的卵。在一些鱼类（如海马、棘鱼）和两栖动物（如产婆蟾）种群中，雄性负责在巢穴、口腔、囊袋或后背上照料受精卵。那么，有什么理论既可以解释雌性养育后代的普遍模式，又可以解释少数例外情况，而且不会自相矛盾呢？

若想找到答案，我们必须认识到，正如自然选择决定了人对疟疾的抵抗能力和牙齿的数目，它同样决定了调控某种行为的基因。对某个物种有益的且由基因传递的行为模式，对其他物种而言未必有益。回到此前讨论的话题上，刚刚完成交配并创造了受精卵的雄性和雌性需要对后续的行为进行“抉择”。它们是否应该双双离开，让受精卵自力更生，或是结成固定伴侣，抑或是各自寻找下一位对象，努力孕育下一颗受精卵？一方面，因养育后代而暂时中断的性行为可能会提高第一颗受精卵的存活率。如果事实真的如此，那么这一选择就会带来更多可能性：父母双方均选择照料后代，或者其中一方选择照料后代。另一方面，假设在没有父母照料的情况下，受精卵的存活率是10%；如果将照料受精卵的时间投入后续的繁殖中，可以额外产下 1 000 颗受精卵，那么最佳策略就是任由第一颗受精卵自生自灭，同时为产下更多受精卵而继续努力。

我将这些不同的策略称为“抉择”。这样的说法听起来就好像动物和人类一样能够主动做出决策，有意识地对不同策略进行权衡，并最终选出最有可能扩大自身利益的策略。当然，事实并非如此。这些所谓的“抉择”大多已被编入物种的解剖结构和生理特征。比如，雌性袋鼠做出的“抉择”是长出一个育儿袋来容纳幼崽，而雄性袋鼠则没有。从解剖学的角度来看，无论是雌性还是雄性，两者都拥有做出某种抉择的可能性，但本能会引导它们照料或不照料幼崽，而这一受本能驱动的“抉择”行为在同一物种的两性身上是不同的。比如，雄性和雌性信天翁、雄性鸵鸟、雌性蜂鸟会基于本能为幼鸟提供食物，而灌丛火鸡无论雌雄均不会为幼鸟提供食物，但从生理特征和解剖结构的角度来看，这些鸟类中的雌性和雄性完全有能力做到这一点。

养育后代这一行为背后的解剖结构、生理特征和本能，都通过自然选择被编入了基因中。总的来说，上述特质促成了生物学家口中的“繁殖策略”。这也就是说，鸟类父母身上发生的基因突变或基因重组现象有可能强化或弱化了为幼鸟提供食物这一本能，也有可能对同一物种的雌雄两性造成不同的影响。本能很可能会极大地影响携带父母基因的幼鸟的存活数量。毋庸置疑，由父母提供食物的幼鸟，其存活率更大。不过，放弃为幼鸟提供食物的父母也会获得将基因传递下去的其他机会。由此可见，使父母本能地为幼鸟提供食物的基因，是由我们将要讨论的生态和生物因素决定的，其实际结果既有可能增加也有可能减少携带父母基因的幼鸟的数量。

某些特定的解剖结构和本能的出现是为了确保后代能够继续生存下去，而决定这些结构和本能的基因在种群中出现的频率会逐渐增加。换句话说，促进成功生存和繁殖的解剖结构和本能会通过自然选择得以确立，即被写入遗传编码。诸如此类的说法常见于与进化生物学有关的讨论中。生物学家常常采用拟人的手法来简洁明了地描述，比如，某只动物选择做某事，或采用某一策略。这种简略的描述不应该被误解为动物能够有意识地思考和做选择。

谁来养育后代

在很长一段时期内，进化生物学家都认为，自然选择能在某种程度上促进“优秀物种”的进化。事实上，自然选择最初只作用于动植物个体。自然选择不仅意味着物种（整个种群）之间会有竞争，不同物种的个体之间会有竞争，同龄同性同物种的个体之间会有竞争，它还意味着父母与后代之间的竞争，或者伴侣之间的竞争，因为父母和后代、雄性和雌性的个体利益并不总是相同的。令某个年龄段或性别的个体成功传递基因的特征不一定有利于其他个体。

虽然自然选择会偏好那些留下许多后代的雄性和雌性，但就开枝散叶这一最佳策略而言，自然选择对父母双方的影响是不同的。这就意味着，父母之间本来就存在固有的冲突。对于这一结论，人们其实早就心知肚明，根本不用请科学家来说明真相。虽然我们总是拿“两性战争”这个词来开玩笑，但这场战争既不是玩笑，也不是某位父亲或母亲就某一特定事件而做出的反常举动。现实情况是，符合某位男性遗传利益的行为不一定符合其配偶的利益，反之亦然。这一残酷的现实恰恰是人类痛苦的根源之一。

回到之前的案例，我们再来看看刚刚完成交配，成功地创造了受精卵的雄性和雌性动物的境况。现在，它们面临着“下一步该做什么”的“抉择”。如果这颗受精卵在完全无助的情况仍有存活下去的可能性，并且父母将照顾第一颗受精卵的时间用于继续繁殖，那么就将有更多受精卵诞生。因此，在抛弃第一个受精卵这件事上，父母的利益是一致的。然而，假设无论这颗受精卵的状态是刚刚完成受精，刚刚被母亲生下来，还是刚刚被孵化出来，抑或是胎生而出，如果没有父母中一方或两方的照料，它就完全没有生存下去的可能性。此时，一个切实的利益冲突便被摆到了父母眼前：父母中的一方是否可以将养育后代的责任强加于另一方身上，然后踏上寻找下一位性伴侣的征程呢？离去的一方确实通过抛弃伴侣和后代，达到了“自私”的进化目标。

在父母中的一方不得不照料后代的情况下，养育后代这件事就成了父母之间的一场冷血较量。谁先抛弃另一方和后代，投身于繁衍更多后代的事业中，谁就会获得胜利。抛弃伴侣和后代是否真能带来好处，取决于一方是否指望伴侣独自完成养育后代的大业，以及能否找到愿意接纳自己的新伴侣。这一切就像父母在受精的瞬间，玩了一场勇敢者游戏，他们互相瞪着对方说：“我要离你而去，寻找新伴侣。你要是愿意，就去照顾这个孩子，但无论你愿不愿意，我都不会管它！”在这场竞赛中，如果双方都以为对方是在虚张声势，那么这个孩子有很大概率难逃一劫，最终父母双方都成了输家。那么，在现实中，父母中的哪一方更有可能选择屈服呢？

若想回答这个问题，就要看父母中的哪一方对这颗受精卵投入的更多，哪一方更有可能舍弃美好的未来。正如之前所讲的，父母双方都不会有意识地进行权衡，因为任何一方的实际行动都取决于自然选择在解剖结构和本能中所编入的性别专属的遗传代码。许多物种中的雌性会选择退让，成为单亲母亲，雄性则抛妻弃子，重获自由；有些物种则完全相反，雄性会担起育儿大业，雌性则转身离开。还有一些物种的父母双方会共同承担养育后代的责任。这些不同的结果是由相互关联的三个因素决定的，而这些因素在两性身上的表现因物种的不同而不同。这三个因素分别是：对受精胚胎的投入、因进一步照料受精胚胎而错失的其他机会，以及是否确定受精胚胎是亲生的。

谁对后代的投入更多

由实际经验可知，对于某项正在进行的事业，如果我们已经投入了很多，就会不甘心于半途而废，而如果投入的很少，能否继续做下去就无关紧要了。无论是对人际关系的投入，还是对商业项目的投入，抑或是对股市的投入，皆是如此；无论投入的是金钱、时间，还是个人的努力，均是如此。如果第一次约会的感觉不好，双方都能轻而易举地终止关系；如果买来一个价格低廉的玩具，组装了几分钟就装不下去了，我们很可能会将它扔到一边不再理睬。而如果要终止一段为期 25 年的婚姻，或是在斥资巨大的房屋装修过程中遇到难题，我们就会痛苦不堪。

同样的道理也适用于父母对后代的投入。通常来讲，就算只是在精子遇上卵子的那一瞬间，雌性也比雄性付出的更多，因为就绝大多数物种而言，卵子的个头要比精子大出许多。虽然卵子和精子都含有染色体，但卵子中还包含足够多的营养物质和新陈代谢机制，以支持胚胎在接下来一段时间的发育，直至胚胎发育成熟，有能力自行觅食为止。相比之下，精子只需要装配一部鞭毛马达，以及驱动这个马达的充足能量，好让自己能够在未来的短短几天里保持游动状态。就体积而言，成熟的人类卵子是精子的 100 万倍，而几维鸟（kiwi）的卵子是精子的一万亿倍。由此可见，如果将受精胚胎简单地视为一个初创的建筑项目，那么在这个项目中，父亲的投资较之母亲的付出根本微不足道。不过，这并不意味着雌性受孕成功的一刹那，就输掉了这场游戏。与和卵子结合的那颗精子一同出现的还有雄性投入的其他数亿颗精子。因此，雄性的总投入可能并不亚于雌性。

卵子受精的过程要么发生在雌性体内，要么发生在雌性体外。许多鱼类和两栖动物都是体外受精，雌鱼和身边的雄鱼将卵子和精子同时排入水中，卵子在水中完成受精。就体外受精而言，雌性在其责任范围内的投入在排卵完成的那一瞬间就结束了。随后，胚胎要么在没有父母照料的情况下漂浮在水中，自生自灭，要么会得到父母一方的照料，至于具体是父亲还是母亲，就要看它们属于什么物种了。

与人类的情况更为相近的是体内受精，也就是雄性通过阴茎将精子射入雌性体内。受孕之后，多数物种的雌性不会立刻将胚胎排出体外，而是在体内孕育，直到胚胎发育至可独自生存的阶段。胚胎在最终产出时可能被包裹在保护壳内，与以卵黄形式存在的能量物质共处一室。鸟类、爬行动物和单孔目卵生哺乳动物（如澳大利亚和新几内亚的鸭嘴兽、针鼹）大都属于这种情况。还有一种情况是胚胎被保留在母体内继续发育，之后经由分娩出生。这种情况被称作胎生，也是人类和除单孔目之外的哺乳动物，以及部分鱼类、爬行动物和两栖动物所采取的生育方式。胎生要求动物有特定的内部结构，其中最为复杂就是哺乳动物的胎盘，因为胎盘要负责将母体内的营养物质输送到发育中的胚胎体内，再将胚胎的排泄物传送回母体。

由此可见，体内受精要求母亲对胚胎做出更多投入，而这一阶段的投入远远超过产卵以及受精时的投入。母亲既要利用自身的营养物质来构建卵壳和卵黄，还要利用那些营养物质来促进胚胎发育。除此之外，母亲还要投入孕期所需的时间。结果就是，截至孵化或生产完毕，体内受精型母亲的投入要比父亲多得多，也比体外受精型母亲的投入多得多，后者与父亲相比并无显著不同。比如，人类母亲怀胎十月，付出的时间和精力非常多，相比之下，丈夫或男朋友除了在一开始那几分钟的交合时射出一毫升精子之外，别无其他。

由于父亲和母亲对体内受精的胚胎的投入截然不同，因而当后代需要照料时，母亲更加难以通过虚张声势的方法弃孩子于不顾。母亲的照料表现为多种形式：雌性哺乳动物会哺乳后代，雌性鳄鱼会守护卵，雌性蟒蛇会孵化卵。尽管如此，有些物种的父亲还是会与母亲共同承担育儿大任，甚至独自抚养后代。

错失的机会

如前文所述，有三个相关因素会影响父母是否会做出照顾后代的“抉择”，第一个因素就是对后代的投入。我们接下来要讨论第二个因素，即因育儿而放弃的其他机会。想象自己是一只刚刚产下幼崽的动物，正在一边思考着应该将时间用到哪里，一边冷漠地权衡着自身的遗传利益。眼前的幼崽携带着你的基因，如果守在身边喂养它，它就更有可能生存下来并将基因传递下去。就传递基因这件事而言，倘若在这段时间内无其他事可做，那么照料后代、放弃以虚张声势的手段迫使伴侣成为孩子唯一的家人，便能最好地满足自身的利益。如果有方法能在同样的时间内通过孕育更多的后代来更广泛地传递自身的基因，那么就应该抛弃伴侣和孩子。

现在我们再来设想一下，有一对成功交配并拥有了一些受精卵的雌雄动物都在权衡利弊，寻求利益的最大化。如果是体外受精，父母双方都没有承担任何后续养育事宜的义务，从理论上来说，双方都可以自由地寻找下一个伴侣，孕育更多的受精卵。实际上，它们刚刚造就的受精卵需要照顾，但父母双方都有可能通过虚张声势的方式来迫使对方承担照料后代的责任。如果是体内受精，那么已怀孕的雌性，需要在产下胎儿或卵之前，负责为胚胎提供营养。如果该雌性是哺乳动物，那么它还要在生产后负责哺乳，这意味着它需要投入更长的时间。在孕期和哺乳期内，与另一位雄性交配并不会为它带来任何遗传上的好处，因为它暂时无法受孕。这也就是说，雌性在这段时间内全身心地养育孩子并不会有任何损失。

然而，刚刚将一波精子送入某个雌性体内的雄性只要稍等片刻，便能将另一波精子送入另一个雌性的体内，以此将基因传递给更多后代。人类男性的一次射精便能排出约两亿颗精子。就算“近几十年来人类精子数量呈下降趋势”的报告是真实的，那一次射精至少也会排出几千万颗精子。在伴侣怀孕的 280 天内，如果男性每 28 天射一次精（大多数男性都能轻松做到），那么他排出的精子总数足以让全世界约 20 亿位育龄女性“雨露均沾”，只要他有办法让这些女性都接受一个精子。这就是诱使众多男性狠心离开怀有自己孩子的女性，转而寻找下一个女性的进化论逻辑。全心全意养育孩子的男性很有可能会错失许多其他机会。同样的逻辑也适用于其他采取体内受精方式的物种。那些摆在雄性眼前的大好机会促成了动物世界中主要由雌性负责养育孩子的普遍现象。

第三个因素是对亲子关系的信心。如果你已准备好为照料后代付出时间、精力和资源，那么最好先确定孩子是自己亲生的。如果你养育的是别人的后代，那么就输掉了这场进化竞赛，费心费力，到头来却替竞争对手传递了基因。

在后代是否为自己亲生的这件事上，人类女性和其他体内受精型的雌性动物完全不会为此担忧。精子进入雌性体内，令母体的卵子受精，一些时日后，宝宝便诞生了。在母亲体内时，宝宝不可能和其他母亲的孩子互换位置。从进化的角度来说，母亲照料婴儿是万无一失的。

而雄性哺乳动物和其他体内受精型动物的雄性在亲子关系这件事上，就没那么自信了。实际上，雄性只知道自己的精子进入了雌性体内，一些时日后，雌性生了一个宝宝，但它并不知道雌性有没有在自己没注意时和其他雄性发生性关系，也不知道与卵子结合的究竟是自己的精子还是其他雄性的精子。在这种无法避免的不确定性面前，进化的结果就是，绝大多数雄性哺乳动物在交配完成后，便会立刻离开，转而寻找更多可以受孕的雌性，并让那些雌性独自养育后代。它们只希望那些和自己交配过的雌性能有一两个真的怀了自己的后代，并独立自强地将其抚养长大。对于雄性来说，照料孩子无异于在进化竞赛中孤注一掷。

交配后“抛妻弃子”的例外情况

由经验可知，雄性交配后抛妻弃子的这种普遍现象在一些物种中也存在例外。这些例外大致可以分为三类。第一类例外发生在体外受精型的物种中。雌性排出尚未受精的卵子，而后在附近徘徊的雄性会将精子射在卵子上，并立刻将受精卵拢到一起，以防其他雄性趁机浑水摸鱼。该雄性会继续照顾这些受精卵，并对这份亲子关系信心十足。这就是令一些鱼类和蛙类的雄性在授精之后成为单亲父亲的进化论逻辑。比如，雄性产婆蟾会用后腿将卵围起来，以作守卫；雄性玻璃蛙会严密观察卵的动向，其藏身的植被就位于孵化而出的蝌蚪即将落入的溪流上方；雄性棘鱼会筑起巢穴，以保护鱼卵免受猎食者的袭击。

第二类例外的特点很鲜明，名字也很长：性别角色互换的一妻多夫制。由这个名字不难看出，这种情况不同于常见的一夫多妻制。在一夫多妻制中，为了赢得多个雌性而相互争斗的是体型健硕的雄性，而在性别角色互换的一妻多夫制中，体型健硕的雌性则会为了建立“后宫”而相互争斗，它们的“后宫”通常由多个体型不大的雄性组成。雌性会为“后宫”中的每一位雄性产下一批卵，而这些雄性则负责后续的孵化、养育幼崽等工作。关于这类以雌性为统治者的最出名的代表就是生活在岸边的水雉、斑鹬以及威尔逊瓣蹼鹬。为了追逐一只雄性瓣蹼鹬，10 只雌性瓣蹼鹬会你追我赶地飞出 1.6 千米。获胜的雌性会紧紧地看守住来之不易的“战利品”，确保只有自己才能和它交配，而这只雄性也将成为负责养育幼鸟的众多雄性之一。

显然，性别角色互换的一妻多夫制意味着雌性成功者的进化之梦得以成真。它们将基因传递给众多幼鸟，尽管这么多的幼鸟已远远超出了自身的养育能力（无论是独自抚养，还是与某一位雄性共同抚养），但它们赢得了这场性别战争。这类雌性几乎可以将自身的产卵能力发挥到极致，唯一的缺憾就是这一能力受其他雌性的限制，因为其他雌性也在追逐愿意养育子女的雄性。这样的策略是如何进化而来的呢？为什么一些涉禽类物种中的雄性会输掉这场性别战争，成为一妻多夫制下的后宫“男宠”，而其他鸟类物种中的雄性却能避免这样的命运，甚至反过来成为妻妾成群的“首领”呢？

答案与涉禽类不同寻常的繁殖生物学特征有关。它们每次只会产下四颗卵，而且幼鸟早熟，被孵化出来之时就浑身长满绒毛，睁着眼睛，行动自如，可以自行寻找食物。父母无须为幼鸟喂食，只需要提供保护和温暖。这种工作量哪怕只是“单亲家长”也能应付得了。对于其他绝大部分鸟类来说，幼鸟需要父母双方的共同哺育，而这是一项艰巨的任务。

相比于那些不能自立的幼鸟，刚被孵化出来就能到处跑的幼鸟在卵中经历了更为充分的发育。这就要求受精卵具有足够大的体积。有空的时候，你可以留意一下鸽子蛋，这种小体积的蛋只能孵化出不能自立的幼鸟。我们由此就能明白，为什么蛋农更喜欢饲养那些能产下较大的卵并孵化出早熟幼鸟的品种了。每颗斑鹬卵的重量要占到母亲体重的 20% 左右，而一窝四颗卵的总重量更是占到母亲体重的80%。虽然一夫一妻制下的涉禽类雌性进化出了比雄性稍大的体型，但为产下这些巨型卵而付出的努力依旧非常巨大。此后，雄性会接管并独自抚养早熟的幼鸟，这个任务并不艰巨。雄性不仅能因此获得短期利益，还能获得长期利益，因为伴侣将得到解脱，恢复元气。

所谓短期利益是指，雌性能很快恢复并为雄性再次产下一窝卵。就算第一窝卵不幸被捕食者破坏，还有第二窝卵可以传递基因。这是个非常显著的优势，因为涉禽类总在地面筑巢，故卵和幼鸟经常会遭受攻击。例如，1975年，鸟类学家刘易斯·奥林格（Lewis Oring）在明尼苏达州就目睹一只水貂破坏了整个斑鹬种群的所有巢穴。针对巴拿马水雉的一项研究也发现，他们观察到的 52 个巢穴中有 44 个遭到了破坏。

让伴侣获得自由，还能为雄性带来长期利益。如果雌性在繁殖季节没有被累垮，就很有可能生存到下一个繁殖季节，并与雄性再次交配。和人类夫妻一样，在鸟类中，懂得维持和谐关系的老夫老妻比新婚不久的小两口更擅长抚养后代。

慷慨付出又期待回报，这样的行为是有风险的，无论是对涉禽类，还是对人类来说，都是如此。一旦雄性承担起独自抚养后代的责任，其伴侣就能无忧无虑地畅享自由，随心所欲。也许它会选择报答雄性，在第一窝卵被毁坏后，与雄性再次交配，再产一窝卵。不过，它也有可能会选择追求自身利益，立刻去勾搭其他单身雄性，设法让其成为第二窝卵的父亲。如果雌性产下的第一窝卵存活了下来，并继续占用着前任伴侣的全部精力，那么一妻多夫制的策略就能让后代的数目翻倍。

其他雌性也采取这种策略，于是所有的雌性都加入了追逐雄性的大赛中，最终使单身雄性的数量越来越少。随着繁殖季节的延续，绝大多数雄性都一门心思地围着第一窝卵打转，没有能力负担其他的养育工作。虽然成年的雄性和雌性在数量上可能是相等的，但在斑鹬和威尔逊瓣蹼鹬的种群中，单身的雌性和雄性的比例却高达 7∶1。这些残酷的数据将性别角色的转换推向了极致。雌性为了产下个头较大的卵，进化出比雄性略大的体型，同时为了与其他雌性争夺配偶，进化出更加健硕的身形，而且卸下了养育后代的责任，成天忙着吸引雄性，这与普遍现象完全相反。

由此可见，涉禽类独有的生物学特征令其更倾向于由雄性独自养育后代，雌性则会摆脱束缚，弃子而去。这些生物学特征包括：幼鸟早熟；虽然每次产下的卵数量不多，但个头很大；在地面筑巢，因而常遭受捕食者的严重破坏，等等。事实上，绝大多数涉禽类中的雌性都无法充分利用一妻多夫制下的福利。比如，生活在北极地区的斑鹬，其繁殖季节非常短暂，根本来不及产下第二窝卵。只有少数物种才会遵循真正的一妻多夫制，比如热带水雉和生活在南方的斑鹬。虽然涉禽类的性征与人类的性征相去甚远，但它们的性行为对我们很有启发，因为我们能从中看出本书要传达的主旨：物种的性征是由该物种其他方面的生物学特征塑造的。对于我们来说，接纳涉禽类的行为要比接纳人类的类似行为更容易一些，毕竟不用将道德伦理强加在鸟类身上。

在雄性抛妻弃子这一普遍现象之外，还存在第三类例外情况。这种情况出现在体内受精型的物种中：父母中的一方很难或根本不可能在无人帮忙的情况下独自养育后代，另一方必须负责提供食物，或者在一方外出寻找食物、保卫领地时，帮忙照顾孩子。在这类物种中，雌性是无法独自承担起喂养和保护幼崽之重任的，而且，抛弃受孕的伴侣，转而追求其他雌性，也不会给雄性带来任何进化上的好处，因为其后代很可能会被饿死。这样一来，在自利的驱使下，雄性不得不维持与受孕伴侣的关系，反之亦然。

大多数北美鸟类和欧洲鸟类的情况都是如此：雌雄之间保持着一夫一妻的关系，共同抚养后代。如我们所知，人类也基本如此。在人类群体中，单亲家庭着实艰辛，即使如今可以去超市购物，花钱请保姆，也实属不易。在狩猎采集时期，孩子一旦失去了母亲或父亲，生存的概率就会降低。那些迫切想要将基因传递下去的父母发现，照顾孩子是关乎自身利益的大事。因此，大多数男性都会为伴侣和孩子提供食物、保护和住所。由此，人类建立了由名义上的一夫一妻制婚姻关系构成的社会体系，即便偶尔也会有一些富有的男性坐拥三妻四妾。在大猩猩、长臂猿以及其他由雄性照料后代的少数哺乳动物中，也存在同样的情况。

然而，夫妻共同养育后代的现象，并不意味着两性战争的结束一定能消除父母双方的利益冲突，而这些利益冲突是在孩子降生之前，由双方投入的不平等造成的。就算在那些会养育后代的哺乳动物和鸟类物种中，有些雄性也会试图摆脱养育责任，只要后代能存活下去，就让母亲尽量多地承担责任。雄性还会尝试着让其他雄性同类的伴侣怀上自己的孩子，并让那位戴绿帽子的倒霉家伙在毫不知情的情况下养育自己的后代。由此可见，雄性总是疑神疑鬼地监视伴侣也不是没有道理的。

有研究人员曾对一种名叫小斑姬鹟（ficedula westermanni）的欧洲鸟类进行过大量研究，我们可以用这个典型案例来分析共同养育后代这种行为的内在冲突。许多雄性小斑姬鹟虽然在名义上遵循着一夫一妻制，但实际上都想要赢得更多雌性的芳心，而且很多雄性确实做到了。虽然本书的主题是人类的性征，但从鸟类等物种的案例中，我们也能获得许多知识，因为一些鸟类的行为与人类的行为有着惊人的相似之处，除此之外，鸟类的行为也不会点燃我们内心的道德怒火。

接下来，我们来看一下小斑姬鹟是如何实行一夫多妻制的。每到春季，雄性都会找到一个适合筑巢的树洞，并在周围规划出一片领地，然后吸引一只雌性与其交配。在这只雌性（姑且称其为原配）产下第一颗卵后，雄性便相信原配已受精成功，而原配也将忙于孵卵，不会对其他雄性感兴趣。之后，雄性便会在附近寻找下一个适合筑巢的树洞，并追求另一只雌性（姑且称其为“第三者”），然后与其交配。

当“第三者”开始产卵时，雄性便会再次确定它已受精成功。与此同时，原配产下的那窝卵开始孵化，雄性就会回到原配身边，将大部分精力都用于喂养原配生育的幼鸟，而对“第三者”产下的幼鸟漠不关心。我们能从数据中看到一些残酷的现实：雄性为原配巢穴送食物的频率为每小时 14 次，而为“第三者”巢穴送食物的频率仅为每小时 7 次。如果能找到适宜筑巢的树洞，绝大多数已有原配的雄性都会尝试寻找“第三者”，其中 39% 的雄性都获得了成功。

毋庸置疑，在这样的制度下，既有赢家，也有输家。小斑姬鹟雌雄两性的数量基本处于平衡状态，且每一只雌性只会有一位伴侣，因此每出现一只“重婚”的雄性，就意味着会出现一只找不到配偶的单身汉。大赢家就是那些实现了一夫多妻制的雄性，一只这样的雄性平均每年能收获 8.1 只幼鸟（包括“第三者”产下的幼鸟），而那些严格遵循一夫一妻制的雄性平均每年只能收获 5.5 只幼鸟。遵循一夫多妻制的雄性一般都比尚未婚配的雄性年长一些，个头也要大一些，并且总能在最佳的栖息地中占据最佳的领地和最佳的树洞。因此，它们的幼鸟的体重比其他雄性的幼鸟的体重重 10%。大个头的幼鸟的存活率要比小个子的幼鸟高一些。

最大的输家是那些未能实现婚配的雄性。它们追求不到伴侣，所以无法留下后代（至少在理论上是这样的，详见后文）。此外，那些做了“第三者”的雌性也可以被认为是输家。因为它们需要比原配付出更多的努力，才能完成养育后代的任务。“第三者”平均每小时要给孩子送 20 次食物，而原配每小时只需送 13 次。身心俱疲的“第三者”很可能会英年早逝。就算以百折不挠、大无畏的精神来履行义务，一只拼命工作的“第三者”所能提供的食物量也无法与悠然自得的原配夫妻所能提供的食物量相比。这样一来，一些幼鸟就不得不忍饥挨饿，所以“第三者”巢穴中存活下来的幼鸟数量会少于原配。平均来看，“第三者”的幼鸟能存活 3.4 只，原配的幼鸟能存活 5.4 只。另外，存活下来的“第三者”的幼鸟，其个头也比原配的幼鸟要小，因此很难活着熬过漫长的严冬和艰苦的迁徙。

既然现实如此残酷，那么雌性为什么还是愿意成为“第三者”呢？生物学家曾认为是“第三者”自己选择了这样的命运，因为就算是被一只优秀的雄性抛弃，也比成为领地贫瘠、外表寒酸的雄性的唯一配偶要强。众所周知，富有的已婚男性也会对情妇说类似的话。事实上，“第三者”并不知道自己是“第三者”，因为它们被蒙蔽了，落入了雄性的圈套。

蒙蔽“第三者”的关键因素是雄性第二处巢穴的选址。这处巢穴与原配的巢穴相距几百米，中间隔着许多其他雄性的领地。这些遵循一夫多妻制的雄性不会让“第三者”和原配成为近邻，虽然这么做可以节省往返于两者巢穴的时间，有更多时间喂养幼鸟，甚至可以降低离家外出时被戴绿帽子的可能性。雄性之所以大费周章地跑到几百米以外安家，唯一说得通的原因就是蒙蔽“第三者”，不让它知道原配巢穴的存在。生活上的迫切需求令雌性小斑姬鹟特别容易上当受骗，当产完卵之后发现伴侣另有妻室时，为时已晚。对它来说，此时最好的选择是守住自己的卵，而不是弃之而去或者寻找愿意婚配的雄性作为新伴侣（其中大多数也都在找“第三者”），并且期盼新伴侣会比前任强也是不切实际的。

雄性小斑姬鹟还有一个策略，被生物学家恰如其分地称为混合繁殖策略（mixed reproductive strategy，简称MRS）。这看上去充满了道德意味，换句话说，交配过的雄性小斑姬鹟不仅有一位伴侣，还会出来拈花惹草，使其他雄性的伴侣受精。一旦发现某只雌性的伴侣出门了，它们就会飞进其巢穴试图与雌性交配，而且经常能成功。它们有时会大声歌唱着接近雌性，有时会悄无声息地靠近，当然，后者的成功率更高。

这种行为如此普遍，远超人类的想象。在莫扎特的歌剧《唐璜》的第一幕中，唐璜的仆人莱波雷洛向唐娜·埃尔维拉吹嘘说，唐璜仅在西班牙就吸引了 1 003 位女性。这个数字虽然乍听起来颇为惊人，但相较于人类的寿命而言，也没什么了不起的。对于唐璜来说，如果这项征服女性的伟大事业能持续 30 年，那么只需每 11 天勾搭到一位西班牙女性即可。相比之下，当雄性小斑姬鹟暂时离开伴侣（比如去寻找食物）后，平均每 10 分钟就会有一只雄性闯进其领地，并花费 34 分钟的时间心无旁骛地和其伴侣交配。在观察到的雄性的所有交配活动中，有 29% 的交配是与固定伴侣以外的雌性进行的。在雄性的所有幼鸟中，约有 24% 的幼鸟不是亲生的。那些擅闯他人领地，勾引别人配偶的家伙，通常都是相邻领地中的雄性。

被戴了绿帽子的雄性无疑是大输家。对于它们来说，混合繁殖策略和伴侣外交配策略无异于进化灾难。在短暂的生命中，它们将一整个繁殖季节都花费在喂养与己无关的幼鸟上。虽然采用混合繁殖策略的入侵者似乎成了大赢家，但细想一下不难发现，这笔账没那么好算。雄性在外拈花惹草时，也给了其他雄性入侵自家巢穴的机会。如果雌性和伴侣相距不超过 10 米，那些企图实行混合繁殖策略的雄性就很难获得成功。如果超过 10 米，成功的概率就会大大增加。这就将实行伴侣外交配策略的一夫多妻制下的雄性置于非常危险的境地，因为它要在另一处领地中投入大量时间，还要在两处领地之间来回奔波。遵循一夫多妻制的雄性也会尝试混合繁殖策略，平均每 25 分钟采取一次行动，但在自家领地，每 11 分钟就会有一只雄性前来与其伴侣搭讪。在所有实行混合繁殖策略的行动中，有一半的情况是：当雄性小斑姬鹟跑出去追求其他雌性时，自家老婆正在与别人家的老公卿卿我我。

从数据上来看，对于雄性小斑姬鹟来说，伴侣外交配策略的价值并不大。不过，这些鸟儿非常聪明，知道如何将风险最小化。它们会在距离伴侣三四米开外的地方严防死守，直至伴侣受精成功。雄性只会在和伴侣完成交配之后，才会跑到外面拈花惹草。

人类的两性之战

我们已经了解了动物世界中的两性战争产生的各种后果，现在就来看看人类世界中的两性战争会演绎出怎样的故事。虽然人类的性征在诸多方面都颇具特色，但说到两性战争，则再普通不过了。和其他许多物种一样，人类的后代也是通过体内受精的方式孕育而出的，也需要父母双方的共同照料。由此可见，人类不同于由父母一方养育后代，或父母均不养育后代的那些体外受精型物种。

和所有其他哺乳动物以及除灌丛火鸡以外的所有鸟类一样，人类的受精卵在初期也无法独立存活。事实上，人类花在养育后代并为其提供食物上的时间，不逊于动物界的任何一种物种，甚至远远超过绝大多数物种。由此可见，对人类来说，父母的养育是不可或缺的。唯一的问题是：这份工作该由哪一方来承担？还是由双方共同来承担？

对于动物来说，这个问题的答案取决于三个因素：父母双方在胚胎阶段的投入比例，因选择养育后代而付出的机会成本，以及对亲子关系的信心。从第一个因素的角度来说，人类的母亲通常比父亲付出得更多。比如，在受精之时，人类女性的卵子个头比精子大得多。不过，如果将单个卵子和一次进入母体内的全部精子相比，这种不平等就会消失，甚至相反。在受精之后，人类母亲要将未来 9 个月的时间和精力都投入到孕育这件事上，而后还要经历哺乳期。在约 10 万年前，农业尚未兴起之时，狩猎采集社会中的女性通常要历经长达 4 年之久的哺乳期。我至今还清晰地记得，在我的妻子给孩子喂奶期间，冰箱里食物的消耗速度非常快。泌乳会消耗非常大的能量。处于哺乳期的女性，每日的能量需求超过了大多数日常消耗较大的男性，只略低于处于训练状态的马拉松女选手。由此可见，刚刚完成受精的女性不可能坐起身来，看着爱人的眼睛说："你如果想要这个胚胎存活下去，就要负责养育，反正我不管！"因为伴侣一眼就能看穿她的心思，这个威胁没有一点儿说服力。

第二个会影响男女双方养育后代的因素就是为此而放弃的其他机会。女性在怀孕期和哺乳期必须付出一定的时间，所以在这段时间内，她是无法再生育的。传统的哺乳方式是每小时哺乳多次，而这种哺乳方式会影响女性的身体，即刺激体内激素的释放，从而导致长达数年的哺乳期闭经。因此，狩猎采集时期的母亲每隔几年才能生育一个孩子。在现代社会中，由于奶粉可以替代母乳，或是采用每隔几小时哺乳一次等方式（现代女性会为了方便而延长两次哺乳的间隔时间），女性在生产几个月后便能再次怀孕。在这种情况下，月经周期会很快恢复。然而，那些刻意避孕以及放弃母乳喂养的现代女性，很少会在相隔不到一年的时间里再次生育，也很少有女性能在一生中生下 12 个以上的孩子。有史以来，生育最多的一位女性一共生下了 69 个孩子，这是一位生活在 19 世纪的莫斯科女性，她尤其“擅长”诞育三胞胎。虽然生育 69 个孩子已经令人叹为观止了，但与我们即将讨论的几位男性相比，这个数量简直不值一提。

由此可见，同时拥有多位丈夫，并不能帮助女性生出更多的孩子，即便在实行一妻多夫制的人类社会，平均来看，拥有两位丈夫的女性所生的孩子在数量上并不比只有一位丈夫的女性多。实际上，人们实行一妻多夫制的原因往往与当地的土地所有制有关，比如兄弟几个常常与同一位女性结婚，以避免土地被分割。

这样看来，一位女性若是选择养育后代，并不意味着要放弃其他的繁殖机会。相比之下，对于实行一妻多夫制的灰瓣蹼鹬（phalarope）而言，如果雌性只有一位伴侣，平均能将 1.3 只幼鸟养至成年，若能搞定两位伴侣，就能成功抚养 2.2 只幼鸟，若能追求到三位伴侣，则能养活 3.7 只幼鸟。人类女性在这方面与男性有所不同，因为我们之前讨论过，从理论上来讲，一位男性有能力让全世界的女性都怀上自己的孩子。从遗传的角度来看，一夫多妻制令 19 世纪的摩门教（Mormon）男性“赚得盆满钵满”。摩门教男性在只有一位妻子的情况下，平均能生育 7 个孩子；若有两三位妻子，则能生育 16 ～ 20 个孩子；拥有 5 位妻子的摩门教首领能生育 25 个孩子。

在实行中央集权制的社会，强行征用资源的位高权重者能生育数百个后代，同时还不用亲自承担养育重任。相比之下，遵循一夫多妻制的摩门教教徒就是小巫见大巫了。19 世纪，一名旅行者来到印度海德拉巴的尼扎姆的宫廷中，这位印度王公拥有众多嫔妃。在停留的 8 天内，这名旅行者恰巧碰上尼扎姆的 4 位妻子分娩，而且还有 9

位妻子即将在随后的一周里分娩。有史以来，孩子最多的男性是摩洛哥的帝王——嗜血者穆莱·伊斯梅尔（Moulay Ismall）。他的儿子多达 700 位，女儿的数量虽然没有记载，但估计也在 700 位左右。通过这些数字，我们可以看出，如果一位为女性授精的男性随后选择全身心地投入到养育后代的工作中，他就会放弃更多的可能性。

第三个令男性对养育后代这件事犹豫不决的因素是对亲子关系的信心，这是所有体内受精型物种都会面临的难题。选择养育孩子的男性都在冒险，因为他们有可能会在不知情的情况下费尽心力地为竞争对手传递基因。在许多社会中，男性为了增强自身对亲子关系的信心，会限制妻子与他人发生性关系，并且制定了一大堆不公平的规矩和桎梏。之所以会这样，就是因为生物学因素在背后发挥作用。我们来看几个例子，只有当新娘被证明是处女时，男性才会付高价；传统的通奸法案对通奸的定义只会参考女性的婚姻状态，而行苟且之事的男性的婚姻状态则毫不相关；对女性进行监视，甚至监禁；要求女性实行割礼，以消除女性对婚内及婚外性行为的兴趣；对女性实施缩阴术，即对女性的大阴唇进行缝合，使女性无法在丈夫外出时发生性行为。

这三个因素，即父母在被动投入上的差别、养育后代的机会成本以及对亲子关系的信心，使得男性比女性更容易做出抛弃伴侣和孩子的行为。不过，人类中的男性毕竟不是雄性蜂鸟、雄性老虎或其他任何雄性动物，没办法做到一交配完就立刻全身而退，安全无忧地远走高飞，并放心地认为被自己抛弃的伴侣有能力承担之后的一切重任，将自身的基因顺利地传承下去。人类婴儿需要父母双方的照料，尤其是在传统社会。我们将会在第 5 章介绍，男性的亲代养育行为实际上有着比表面上看起来更为复杂的功能，而且许多传统社会中的男性都会负责地为孩子和配偶提供服务，例如：提供食物和保护，这不仅意味着要保证孩子和配偶免受捕食者的袭击，还要确保配偶免受其他图谋不轨的男性的骚扰，那些男性会将孩子（他们潜在的继子）视为竞争性遗传关系中的绊脚石；占领土地，种植农产品，以供一家食用；建造房屋，整理园地，以及从事其他有用的劳动；为孩子提供教育，尤其是儿子，以增加孩子的生存机会。

众所周知，男女两性对婚外性行为的态度并不相同。这种差别背后的生物学基础是亲代养育的遗传价值在男女眼中的区别。在传统社会中，孩子需要父亲的养育，因此对于男性来说，与已婚女性发生婚外性行为是最有利可图的，因为该女性的丈夫将有可能在不知情的情况下养育别人的孩子。男性和已婚女性之间的随意性行为有可能增加男性子女的数量，但无法增加女性子女的数量。这一决定性差异促成了男性和女性的不同动机。针对世界各地所进行的调查显示，相较于女性，男性对各种性关系有着更为浓厚的兴趣，例如随意的性行为和短期的性伴侣关系。这样的态度很好理解，因为在性方面保持开放心态，能增加男性基因被传递下去的概率，却无法增加女性基因被传递的概率。相比之下，用女性自己的话来讲，女性之所以会接受婚外性行为，更多是因为对婚姻现状感到不满。这样的女性想要寻找的是一段全新的、具有可持续性的关系：与一位比她丈夫拥有更多资源或更优秀的基因的男性建立一段新婚姻，或是开启一段长期的婚外性关系。

WHY IS SEX FUN?

03

奶爸为什么没有奶

当今社会，男性需要与伴侣一起照顾孩子。他们没有理由逃避责任，因为他们完全有能力为孩子做到妻子所做的一切。当我的一对双胞胎儿子于1987 年降生时，我立刻就学会了换尿布、清理呕吐物，以及其他一切为人父母应该承担的责任。

唯一不用我操心的事就是给宝宝喂奶。同时喂养两个宝宝令我的妻子身心俱疲。朋友经常开玩笑说，我应该去注射点激素，好分泌出乳汁来分担这项重任。然而，这一女性的特权或者男性寻找借口的最后堡垒是残酷的生物学事实，这一事实让那些试图将性别平等意识引入生活的人们犯了难。显然，从解剖学上来讲，男性并不具备相关能力：不能怀孕，也无法分泌出泌乳所需的激素。1994 年之前，在全世界 4 300 余种哺乳动物中，人们并没有发现哪只雄性动物能在正常情况下分泌出乳汁。这样看来，男性为何不具备泌乳功能这个问题已经有了答案，无须再做更多讨论，并且本书旨在讨论“人类怪异的性征是如何进化而来的”，与男性是否具备泌乳功能毫无关系。女性独具泌乳功能这个问题取决于生理学事实，而非进化推理，而且这是哺乳动物世界中的普遍现象，并非人类独有。

但事实上，“男性泌乳”这个话题与我们对于两性战争的讨论密切相关。它能反映出被严格限定于生理学范畴的解释所存在的缺陷，以及在了解人类性行为的过程中，进化推理的重要性。的确，没有哪只雄性哺乳动物怀过孕，绝大多数雄性哺乳动物都无法泌乳。不过，我们还应再深入地探究一下，为什么哺乳动物会进化出这样的基因？为什么只让雌性而非雄性发育出必要的解剖结构、怀孕能力，以及泌乳所需的激素？为什么雄性鸽子和雌性鸽子都能分泌嗉囊乳以喂养雏鸽，而人类男性不能和女性一样泌乳呢？对于海马这一物种来说，怀孕的职责就是由雄性负责的，为什么人类不能如此呢？

曾有人提出，泌乳的先决条件是怀孕。实际上，许多雌性哺乳动物，包括许多，或者可以说是多数人类女性都能在没怀孕的情况下泌乳。许多雄性哺乳动物，包括一些人类男性，其乳房都会发育，并在得到适量激素的刺激时能够泌乳。有时，在没有额外摄入激素的情况下，部分男性的乳房也会发育，也会泌乳。人们很早就发现，被驯养的雄性山羊会自然泌乳。近来也有报道称，有人发现了野生哺乳动物中的第一例雄性泌乳案例。

由此可见，从生理学上来说，雄性具有泌乳的潜能。我们将会了解到，比起其他绝大多数雄性哺乳动物，泌乳对于现代男性来说具有更大的进化意义。事实上，这并非人类男性的本领，也并非其他哺乳动物能力范围之内的事，除了最近报道的那一例案例之外。既然自然选择完全有能力让雄性泌乳，那为什么它没有这么做呢？这个问题涉及很多方面，不能仅凭“雄性没有哺乳器官”这一说法来解答。雄性泌乳可以完美地反映出性的进化过程中的所有重要主题：雄性和雌性之间的进化冲突，对亲子关系自信程度的重要性、雌雄双方在繁殖投入上的差距，以及物种对自身生物学遗传特征的遵从。

在展开讨论之前，我们应该先放下抵触心理，接受“雄性泌乳”这个原本看似在生理层面上讲不通的事情。雄性和雌性在遗传上的差异，包括那些将泌乳功能归于雌性的差异，实际上是非常微小的，而且雌雄两性极易相互适应。本章将针对男性泌乳的可行性进行阐述，并对这种理论上的可能性进行分析，尽管其背后的原因令人难以接受。

性染色体的作用

性别是由基因决定的。人类的基因以 23 对微观遗传物质，也就是染色体的形式存在于每一个人体细胞中。这 23 对染色体中的每一对都拥有两个成员，一个来自母亲，另一个则来自父亲。这 23 对染色体外形各异，每一对都有各自的固定编号。我们可以通过显微镜观察到，从第 1 对到第 22 对染色体，每一对中的两个成员都是一模一样的；只有在第 23 对染色体，也就是性染色体这一对上，两个成员才有了差别，而且这种差别只存在于男性身上。

男性性染色体的两个成员分别是 X 染色体和 Y 染色体，而女性则是两条 X 染色体。

性染色体有何作用呢？许多 X 染色体的基因特征都与性别无关，而是起着诸如辨别红色和绿色的作用。然而，Y 染色体包含控制睾丸发育的基因。人类胚胎在受精后的第 5 周会发育出具有双向分化功能的生殖腺，也就是说这个生殖腺既可以发育成睾丸，也可以发育成卵巢。如果存在 Y 染色体，生殖腺就会从第 7 周开始朝睾丸方向发育；如果没有 Y 染色体，生殖腺就会从第 13 周起往卵巢方向发育。

这听起来出乎意料，因为人们通常会认为，女性的第二条 X 染色体是卵巢发育的基础，而男性的 Y 染色体则负责睾丸的发育。事实上，在一些反常的情况下，拥有一条 Y 染色体和两条 X 染色体的人多数性别更偏向男性，而拥有三条 X 染色体或只有一条 X 染色体的人，性别则更偏向女性。因此，从自然趋势上来讲，在没有干扰的情况下，做好两手准备的原始生殖腺会发育成卵巢，若要发育成睾丸，则需要一条 Y 染色体。

对于上述这些简单的事实，许多人都曾用饱含激情的方式表达过感叹。正如内分泌专家阿尔弗雷德·约斯特（Alfred Jost）所言："若想成为一名男性，就需要经历一段旷日持久、惊心动魄、危机四伏的旅程，那是与成为女性的本能趋势展开的抗争。"男性沙文主义者还对此做了进一步的演绎：为成为男性的过程欢呼赞叹，将男性视为英雄，认为成为女性是再轻松不过、退而求其次的事。不过，也有人会认为，女性才是人类的自然状态，而男性则是病态的反常品种，是人类为了产生更多女性而不得不做出的转变，即便代价很大。我倾向于认为Y染色体的作用是将生殖腺发育从卵巢方向转向睾丸方向上去，而不做任何形而上学的结论。

两性的遗传差异

不过，男性并不只有睾丸。男性性征还包括阴茎、前列腺等诸多器官，正如女性也不是只有卵巢而已（比如，阴道也很有用处）。事实上，除了原始生殖腺之外，胚胎还具备其他拥有双向分化功能的结构，不过这些结构与原始生殖腺不同，并不直接由Y染色体决定。睾丸本身的分泌物是引导那些结构向男性器官发育的必要条件，在没有睾丸分泌物的情况下，胚胎会引导那些结构发育成女性器官。

举例来说，在妊娠期的第 8 周，睾丸开始产生类固醇激素——睾酮，其一部分会转化成与类固醇激素（睾酮）密切相关的类固醇二氢睾酮。这些类固醇，也就是雄激素，可以将一些通用胚胎结构转化成龟头、阴茎轴和阴囊；在没有类固醇的情况下，同样的结构将发育成阴蒂、小阴唇和大阴唇。最初，胚胎拥有两套导管，分别为米勒管（中肾旁管）和沃尔夫管（中肾管）。在没有睾丸的情况下，沃尔夫管会逐渐萎缩，而米勒管则顺利地发育成女性胚胎的子宫、输卵管和内阴道；在有睾丸的情况下，这个过程则完全相反：雄激素刺激沃尔夫管发育成男性的储精囊、输精管和附睾。与此同时，一种被称为“米勒管抑制激素”的睾丸蛋白会发挥作用，阻止米勒管发育成女性器官。

由于有 Y 染色体专门控制睾丸的发育，且睾丸分泌物的有无直接影响到其他结构的发育，因此从表面上来看，人类不可能发育出解剖学上的雌雄双体。或许有人会认为，Y 染色体必然会产生百分之百的男性器官，而它的缺失则必会产生百分之百的女性器官。

事实上，除了卵巢或睾丸之外，其他生殖结构的形式还需经历一连串的生物化学步骤，而且每一步都包含由某基因主导的一种分子成分（酶）的合成。如果基因发生突变，那么酶就会产生缺陷，甚至缺失。酶的缺陷可能会导致雄性伪阴阳体，也就是在拥有睾丸的同时还具备一些女性结构。在由酶的缺陷所导致的雄性伪阴阳体中，在有缺陷的酶出现之前，新陈代谢每一阶段所产生的酶都是在引导男性结构的正常发育。不过，在有缺陷的酶出现之后，某些需要依靠它及其后续的生物化学步骤才能正常发育出男性性征的结构就无法按原计划行事了，要么发育为女性结构，要么终止发育。举例来说，一些雄性伪阴阳体在外观上看来是正常的女性，并且非常符合男性眼中的完美女性形象，因为“她”乳房丰满、双腿颀长、身姿优雅。现实中不乏此类案例，美丽、动人、时尚的女模特根本没有意识到自己实际上是一位基因发生突变的男性，直到成年后做了基因检测才恍然大悟。

这类雄性伪阴阳体在出生时看起来是正常的女婴，随着年龄的增长，“她”会经历正常的外形发育和青春期，直到因为月经迟迟不来而去看医生时，才发现真相。患者没来月经的原因竟如此简单：没有子宫，没有输卵管，也没有阴道上部。“她”的阴道是一条长约 5 厘米的死胡同。通过进一步的检查可知，“她”体内有经 Y 染色体引导发育而成的可以分泌睾酮的正常睾丸，因为隐藏在腹股沟或阴唇中，所以未显现出来。换句话说，这位美丽的模特本是一位正常的男性，不过体内碰巧存在一个由遗传基因决定的生化阻断程序，使它无法对睾酮做出响应。

在通常情况下，令睾酮和双氢睾酮结合的细胞受体会引导这些雄激素进一步触发能够正常发育出男性结构的后续步骤，而雄性伪阴阳体体内的生化阻断程序恰恰位于这一细胞受体中。他们的 Y 染色体是正常的，睾丸本身发育正常，能产生正常的米勒管抑制激素，能阻止子宫和输卵管的发育，然而，对睾酮的响应机制却没能正常发育下去。由此，余下的拥有双向分化功能的胚胎生殖器官就遵从了默认的女性方向：生成女性的外生殖器，与此同时，沃尔夫管萎缩形成了男性的内生殖器。在正常情况下，睾丸和前列腺会分泌出少量雌激素，而这些雌激素会被雄激素受体消解。对于雄性伪阴阳体而言，因为其雄激素受体出现了功能性缺失（正常女性体内会存在少量该受体），所以他们在外观上看起来像女性。

虽然男女之间的遗传差异具有极大的影响力，但总体而言，差异并不大。23 号染色体上的少量基因与其他染色体上的基因相互配合，最终决定了男女之间的所有差异。当然，这些差异不仅包括生殖器官本身，也包括所有与性别相关的差异，尤其是在成年后，譬如胡须、体毛、嗓音以及胸部的发育等。

泌乳现象的产生

睾酮及其化学衍生物所发挥的实际作用会因年龄、器官和物种的不同而不同。无论何类物种，因性别不同而产生的两性差异都很大，而且不会只体现在乳腺发育这一个特征上。即使高等类人猿——人类及其近亲猿类，其两性差异也很明显。去动物园逛一圈或是看一些图片，我们就能分辨出成年大猩猩的性别，因为雄性个头更大（体重是雌性的两倍），头部的形状与雌性不同，背部毛发为银色。人类的两性差异虽然没有大猩猩那么明显，但也不小，比如，男性体重较大一些（平均比女性重 20%），肌肉更强健，长有胡须。不过，这种差异化程度因人类种群的不同而不同。举例来说，东南亚原住民和美国土著的两性差异就没那么明显，因为与欧洲、西亚、南亚的种族相比，他们中的男性没有那么浓密的体毛和胡须。某些长臂猿也是如此，除非检查其生殖器，否则很难从外观上区分出雌雄。

尤其值得强调的一点是，有胎盘类哺乳动物的雌雄两性都有乳腺。虽然大多数雄性哺乳动物的乳腺都没有得到充分发育，也不具备实际功能，但从总体上来说，雄性乳腺的发育程度会因物种的不同而不同。一个极端的实例是，雄性老鼠的乳腺组织没有导管和乳头，从外表上根本看不出来。另一个极端的实例是，狗和灵长类（包括人类在内）动物的雌雄两性的乳腺虽然都有导管和乳头，但在青春期之前看上去几乎一样。

进入青春期后，在生殖腺、前列腺和脑垂体所分泌的激素的共同作用下，哺乳动物的两性在外观上的差异会变得越来越大。在孕期和哺乳期，雌性会分泌激素，用来刺激乳腺的生长和乳汁的分泌，哺乳又会进一步反射式地刺激泌乳。对于人类来说，乳汁的分泌有赖于一种名为催乳素的激素，而刺激母牛产奶的激素则是生长素，又名为生长激素（该激素近来被用于刺激奶牛泌乳而引起争论）。

需要强调的一点是，虽然雌雄两性通常在激素的需求上存在差异，但并非绝对。对于某一特定激素来说，某一性别体内可能拥有更高的浓度和更多的受体。例如，怀孕并不是获得乳房发育和乳汁分泌所需激素的唯一途径。有些哺乳动物的新生儿会因受到体内正常循环的激素的刺激而泌乳，这种现象被称为“女巫奶”。给没有怀孕生子的母牛或母羊直接注射雌激素或黄体酮（怀孕阶段正常释放的激素），可以刺激乳房的发育和乳汁的分泌。如果给被阉割的公牛、雄性山羊和雄性天竺鼠注射同样的激素，也会产生同样的结果。平均来看，经激素刺激后的未育母牛的产奶量和生下小牛后处于哺乳期的奶牛的产奶量不相上下，但经激素刺激后的被阉割的公牛的产奶量远远少于未育母牛的产奶量。所以，我们别指望能在不远的将来喝上公牛奶。得到这样的结果并不奇怪，因为公牛之前的发育过程并没有给我们留下太多可能性：它们并没有发育出能容纳所有乳腺组织的乳房结构，而未育母牛却拥有这样的结构。

在很多情况下，注射或局部应用激素可能会让男性与未育、非哺乳期的女性一样，出现不正常的乳房发育和乳汁分泌现象。接受过雌激素治疗的男性和女性癌症患者在注射催乳素后，也会出现泌乳现象。有一位 64 岁的男性患者结束激素治疗后，泌乳现象持续了 7 年之久（这一事件发生在 20 世纪 40 年代，人类受试者保护委员会相关条例出台之前。如今，相关实验已被禁止）。服用镇静剂也会导致非正常的泌乳现象，因为镇静剂会对下丘脑的功能造成影响，而下丘脑控制着分泌催乳素的源头——脑垂体。因手术而受到刺激的吮吸反射神经也会导致泌乳现象。女性在长期服用含雌激素和黄体酮的避孕药后，也会出现泌乳现象。最让我忍俊不禁的一个案例发生在一个有大男子主义倾向的丈夫身上，他总是抱怨妻子的胸部“小得可怜”，直到某天他惊讶地发现自己的乳房越变越大了。原来，妻子为了满足丈夫对大胸的渴望，一直不停地往自己胸部涂抹含有雌激素的丰乳霜，然后这些药膏又被蹭到了丈夫身上。

雄性的泌乳

说了这么多，你可能会问，这些涉及激素注射或手术等医疗干预手段的案例，和男性泌乳功能的正常开发有何关联？在高科技医疗手段未介入的情况下，也会发生泌乳现象。对于一些哺乳动物的未育雌性来说，只要反复对乳头进行机械式刺激，就能泌乳。人类也是一样。机械式刺激是一种借助神经反射，让激素被自然释放的刺激方式，在这一过程中，中枢神经系统将乳头与可释放激素的腺体连接起来。举例来说，一只性成熟但未育的雌性有袋类动物只需被其他母亲的宝宝咂奶，就能泌乳；给未育的雌性山羊“挤奶”，同样也能刺激泌乳。这一原则很可能同样适用于人类，因为用手刺激乳头会让男性和非哺乳期女性体内的催乳素飙升。如果青春期男孩的乳头受到刺激，通常也会出现泌乳现象。

关于这一现象，我最常引述的一个案例是广为人知的恋爱专栏《亲爱的艾比》（*Dear Abby*）刊登过的一封读者来信。一位即将领养新生儿的未婚女性非常希望能亲自为孩子哺乳。她问艾比，使用激素类药物是否有帮助。艾比答道：“荒唐！这样只能让你浑身长满体毛！”于是，就有几个愤愤不平的读者专门写信提出了一些方案，还提到许多遇到类似情况的女性通过让孩子反复吮吸乳房，成功实现了哺乳的梦想。

近来，一些有经验的医生和哺乳护理专家会建议领养孩子的母亲，用三四周的时间来准备泌乳。医生建议，从婴儿诞生之前一个月起，这些未来的母亲每隔几个小时就要用吸奶器吸一次奶，以模仿婴儿的吸吮。在现代吸奶器问世之前，人们通过让小狗或小婴儿反复地吸吮乳头来取得同样的效果。在传统社会中，当孕妇身体状况不佳，无人给新生儿喂奶时，母亲担心女儿会出事，便会激发自己的泌乳能力。据记载，有一位 71 岁高龄的祖母就为新生儿哺过乳。

男性在从饥饿状态恢复到正常状态的过程中，常常会出现乳房发育现象，有时也会出现乳汁自涌现象。第二次世界大战结束后，从战俘营出来的数千名战犯都遇到了这样的情况。据统计，此类案例仅在日本的一个战俘营中就出现了 500 例。对这种现象的一种解释是，饥饿不仅抑制了腺体的功能产生激素，而且也抑制了肝脏的功能代谢激素。在重新获得正常营养后，腺体的恢复速度比肝脏快很多，所以人体内的激素水平会毫无节制地向上攀升。

很长一段时间以来，人们发现，许多看起来完全正常的睾丸，也有能力让已经使雌性山羊怀孕的雄性山羊会突然长出乳房并出现泌乳现象，这令其主人惊讶不已。雄性山羊的奶和雌性山羊的奶在成分上很相似，但前者的脂肪含量和蛋白质含量更高一些。在被捕获的雄性东南亚短尾猕猴身上，也出现过自发泌乳现象。

1994 年，终于有人报道了野生物种中雄性的自发泌乳现象，主角是生活在马来西亚及其周边岛屿上的迪亚克果蝠（Dyak fruit bat）。被捕获的 11 只成年雄性果蝠拥有功能性乳腺，在被挤压时会泌出乳汁。有些雄性的乳腺会因充满奶水而肿胀，这说明在没有被小果蝠吸吮的情况下，乳汁会积留在乳腺中。另外一些雄性果蝠虽然拥有相同的泌乳功能，但其乳腺没有那么肿胀，看起来与处于哺乳期的雌性果蝠的乳腺并无二致，这种现象归功于小果蝠的吸吮。在三组来自不同地点、不同季节的迪亚克果蝠样本中，有两组包括了泌乳的雄性、泌乳的雌性和怀孕的雌性，而第三组样本中的成年雌性和雄性都未处于生殖休眠期。这说明，这类果蝠的雄性泌乳功能可能会配合自然生殖周期和雌性泌乳功能同时出现。人们通过显微镜对泌乳的雄性的睾丸进行了检查，发现它们能正常产生精子。

因此，虽然在通常情况下，哺乳工作由母亲来承担，无须父亲插手，但至少在某些哺乳动物中，雄性依然拥有必要的解剖结构、生理学潜能以及激素受体。如果直接为雄性注射激素或者其他能刺激激素释放的物质，则会促使乳房发育，并在某些情况下引起泌乳现象。历史上也出现过外表完全正常的成年男性给孩子喂奶的事件。研究人员对其中一位男性的乳汁进行了化验，结果发现，其乳汁中的乳糖、蛋白质和电解质成分与母乳相似。所有这些事实都说明，男性泌乳功能的进化应该是一件轻而易举的事，或许只需几个基因突变、增加激素的释放量，或者减少激素的代谢量，就能实现。

显然，进化设计的初衷并不是让男性在正常情况下动用这一生理学潜能。用计算机术语来说就是，虽然有些雄性具备相关硬件，但自然选择没有对其进行编程。那么，为什么会这样呢？

进化承诺的现象

为了搞清楚个中缘由，我们有必要换一种思路，本章我们一直使用的是生理推理的方法，现在我们回到第 2 章所使用的进化推理方法。不知你是否还记得，两性进化的结果是：有 90% 的哺乳动物由母亲独自承担亲代养育任务。对于那些无须任何亲代养育便能存活下去的物种来说，压根儿就不会出现雄性泌乳现象，这一点毋庸置疑。

这些物种的雄性不仅无须哺乳，还不用给幼崽喂食；不用保卫家族领地；不用保护和教育幼崽。在后代身上，它们什么都不用投入。能满足这些雄性粗鲁的遗传利益的最佳方式就是，不断追求雌性，并使其怀孕。虽然一只因基因突变而行为变得“高尚”的雄性可能会给后代哺乳，或以其他方式照料后代，但这种个例很快便会被淹没在数量庞大、什么都不管的自私的正常雄性当中，因为那些正常雄性有能力留下更多的后代。

只有剩下的 10% 的哺乳动物有必要照顾后代，也只有这些动物才值得我们考虑雄性泌乳的问题。这些物种包括狮子、狼、长臂猿、狨猴以及人类等。然而，就算在这些需要雄性承担亲代养育任务的物种中，泌乳也并非父亲所能做到的最具价值的贡献。一只身强力壮的雄性狮子真正需要做的是赶走土狼，以及其他想要杀死小狮子的大狮子。它应该去领地周边巡逻，而不是在敌人虎视眈眈时待在家里给小狮子哺乳，个头相对较小的雌性狮子完全有能力承担哺乳的责任。公狼最有价值的贡献是离开巢穴，外出捕猎，然后将肉带回家给母狼食用，最终食物在母狼体内被转化为乳汁。长臂猿父亲最有价值的贡献是随时警惕巨蟒和鹰的袭击，因为这些掠食者时常会将小长臂猿抓走。此外，它们还要不停地将其他长臂猿从伴侣和后代所在的果树上赶走，好让家人独享树上的果子。狨猴父亲最擅长的就是整天将双胞胎宝宝背在自己身上。

上述这些因素或许可以成为雄性无须哺乳的理由，但并不代表自然界中不存在另一种可能：在某些哺乳动物中，不仅存在雄性哺乳现象，而且这种行为能让雄性自身及其后代获得好处，譬如迪亚克果蝠。然而，即便真的存在这样一些哺乳动物，即便雄性能通过哺乳获益，但雄性哺乳这一功能的具体实践仍然会遇到诸多问题，而这些问题皆源于一个被称为“进化承诺”的现象。

我们以人类制造的装置来做个类比，就能理解隐藏于进化论信条背后的想法。卡车制造商出于不同的目的，对卡车的基本模型做了修改，从而制造出了各种型号的卡车。有的型号适合用来运输家具，有的适合用来运输马匹，有的适合用来运输冷冻食品。为了达到这些不同的运输目的，卡车制造商可以对基础性的卡车货舱设计做出微调，再配以适用于不同运输活动的发动机、刹车、车轴等其他大型组件。同样，飞机制造商也能利用同一个飞机模型，通过微调制造出不同型号的飞机，以满足不同的飞行目的，比如搭载普通旅客、跳伞者或运送货物等。不过，若想将卡车改装为飞机，或将飞机改装为卡车，就行不通了。因为卡车各个方面的设计都充分适配于卡车：沉重的车体、柴油发动机、刹车系统、车轴等。我们无法以卡车为基础，通过改装它来制造飞机，只能从无到有、按照飞机模型去设计和制造。

动物不是为了给一种理想的生活方式提供最佳解决方案而横空出世的，而是从既有的动物种群中进化而来的。生活方式的进化是渐进式的，是历经并适应了那些与此相关，但略有不同的生活方式的进化设计所积累下来的诸多微小变化而形成的。对某一特定生活方式产生诸多适应能力的动物，不一定能进化出应对另一种生活方式的诸多适应能力，即使有朝一日能进化出来，也必定要经历非常漫长的时期。举例来说，胎生的雌性哺乳动物不可能在受精后的一天之内就将胚胎排出体外，瞬间进化出像鸟类一样的产卵能力；相反，它们需要进化出鸟类所具有的合成卵黄、卵壳的能力，以及其他与产卵相关的能力和机制。

我们可以回想一下，对于两种主要的恒温脊椎动物，也就是鸟类和哺乳动物而言，雄性养育亲代是鸟类中的普遍现象，同时也是哺乳动物中的例外情况。这一差异的源头可以追溯至鸟类和哺乳动物的进化史，也就是针对“如何对待体内受精卵”这一问题而发展出的不同解决方案。每一个解决方案都需要一整套适应机制的配合。鸟类和哺乳动物的适应机制完全不同，尤其是现代鸟类和哺乳动物。

鸟类的解决方案是：雌性快速地将受精胚胎“打包”装进有卵黄的硬质卵壳，并排出体外。这种胚胎处于一种完全无发育且极端无助的状态，除了胚胎学家能认出那是鸟类的胚胎之外，没有人能辨别得出其真正的属性。从受精到排出体外，胚胎在母体内的发育过程只持续了一天或几天。短暂的体内发育之后，便是漫长的体外发育：长达 80 天的孵化期；从破壳而出到独立飞翔，幼鸟还需要长达 240 天的喂养和照料。当胚胎被产出之后，后续的发育过程就不一定需要母亲参与了。如果说母亲可以卧在胚胎上为其提供温暖，那么父亲同样也能。当幼鸟孵化出来之后，大多数鸟类幼鸟所吃的食物和父母一样，如果父亲能外出觅得食物，那么母亲也能。

对于许多鸟类而言，照料巢穴、胚胎和幼鸟的工作需要父母双方共同参与。对于那些由父母一方承担重任的鸟类来说，留下来勤劳工作的更多的是母亲，而非父亲。个中缘由我们已在第 2 章讨论过：当受精胚胎还在体内时，雌性便承担了更多的义务，而雄性则会为养育亲代付出更大的机会成本，因为体内受精会使雄性对亲子关系存疑。不过，雌性鸟类的义务式体内投入比任何雌性哺乳动物的都要低很多，因为发育中的幼鸟刚被“生下来”时，尚处于非常初级的发育阶段，比发育最不完全的哺乳动物新生幼崽还要初级。就体外发育时间（从理论上来说，这段时间的养育任务可由父母双方共同承担）与体内发育时间的比例而言，鸟类的要高于哺乳动物。没有哪个鸟类母亲的“孕期”(卵的形成时期）能与长达 9 个月的人类孕期相比，这个比例甚至比不上最短仅需 12 天的哺乳动物孕期。

因此，雌性鸟类并不像雌性哺乳动物那样，在父亲抛妻弃子外出拈花惹草时，依然守护着家庭，安心照料后代。这样的进化编程不仅影响了鸟类的本能行为，而且还会影响其解剖结构和生理特征。鸽子通过从嗉囊中分泌出“乳汁”来喂养幼鸟，其父母双方都进化出了泌乳功能。鸟类的通行规则是，父母双方共同养育后代，而对于那些采用单亲照料规则的鸟类来说，通常由母亲提供照料，当然也有某些鸟类由父亲提供照料，而后者在哺乳动物中绝无仅有。父亲单独提供照料不仅是性别角色发生转换的一妻多夫制鸟类的特征，也是其他一些鸟类的特征，比如鸵鸟、鸸鹋和鹬鸵。

针对体内受精和胚胎后续发育的问题，鸟类的解决方案涉及特定的解剖结构和生理特征。雌性具有雄性所不具备的输卵管，其中一部分会分泌清蛋白，一部分会形成内外两层壳膜，还有一部分会形成卵壳。所有这些受激素调节的身体结构及其新陈代谢机制都反映了进化原理。鸟类一定是沿着这条路径进化了很长一段时间，才形成了产卵功能，而这一功能在古代爬行动物中非常普遍，因此鸟类很可能是从它们身上遗传的产卵机制。这一进化过程的产物明显带有鸟类特征而非爬行动物的特征，比如著名的始祖鸟，其化石已有约 1.5 亿年的历史。虽然我们无从得知始祖鸟的生物生殖特征，但科考发现的约 8 000 万年前的恐龙化石告诉我们，卵与巢穴共处一处。这说明，鸟类的筑巢行为和产卵功能是从爬行动物那里继承来的。

现代鸟类因其生态环境和生活方式的不同而千差万别，有的可以在高空翱翔，有的可以在陆地奔跑，还有的可以在水中深潜；有的小如蜂鸟，有的大如已灭绝的象鸟

（elephant bird）；有在冰天雪地的南极筑巢的企鹅，还有在热带雨林中繁殖的犀鸟。虽然生活方式各有不同，但现存的所有鸟类都保留了体内受精、产卵、孵化以及其他一些鸟类独有的生物生殖特征，不同物种之间的差别很小。不过，也存在例外情况，生活在澳大利亚和太平洋岛屿的灌丛火鸡会利用外部热量而非体温来孵卵，比如发酵热量、火山或太阳能热量。若想从无到有地设计一只鸟，就要想出更加优秀却完全不同的生殖策略，比如蝙蝠，它们可以像鸟类一样飞翔，却遵循怀孕、胎生和哺乳的生殖策略。无论蝙蝠的这种方案有何好处，鸟类仍遵循着自己的方式，若想采用蝙蝠的生殖策略，鸟类必须经历很多大变动。

进化下的泌乳现象

关于“如何对待体内受精卵”这个问题，哺乳动物也有自身的解决方案，并历经了漫长的进化。哺乳动物的解决方案是以怀孕为起点，其母体内的胚胎发育阶段在时长上远远超过鸟类，孕期长短从袋狸的 12 天到大象的 22 个月不等。这就意味着雌性哺乳动物从一开始便需要投入很多，根本不可能以虚张声势的手段试图逃脱接下来的养育任务，这便促成了雌性哺乳的进化。和鸟类一样，长久以来，哺乳动物一直遵循自身独特的解决方案。虽然我们无法从化石的痕迹中看到泌乳行为，但它却是现存的三大类哺乳动物（单孔类、有袋类和有胎盘类）共同拥有的能力。这三大类哺乳动物早在 1.35 亿年之前就已经分化了。因此，我们可以推断出，泌乳功能出现在更早的阶段，进化自某些与哺乳动物类似的爬行动物祖先。

如前文所述，和鸟类一样，哺乳动物也有自身特定的解剖结构和生理生殖特征。其中有些特征在三大类哺乳动物身上存在较大差异，例如，有胎盘类动物能借助胎盘发育，产下相对成熟的新生幼崽；有袋类动物能更早地产下胎儿，但产后发育阶段很长；单孔类动物则会采用产卵的方式来繁衍后代。这些特征很可能已经存在了至少 1.35 亿年之久。

相较于三大类哺乳动物之间的差异，或者哺乳动物和鸟类之间的差异，三大类哺乳动物中的每一类的个体差异就显得微不足道了。没有哪只哺乳动物能重新进化出体外受精的能力，或者抛弃哺乳能力，也没有哪只有袋类或有胎盘类哺乳动物能重新进化出产卵的能力。至于在泌乳能力上的差异，只不过是产奶量和营养含量多少的问题，有的动物的乳汁富含这种营养物质，有的富含那种营养物质，仅此而已。举例来说，北极海豹的乳汁较浓稠、富含脂肪、基本不含乳糖，而人类的乳汁则较清淡、富含乳糖、脂肪含量很低。在传统的狩猎采集社会中，人类宝宝从吃奶到吃固体食物的过渡期长达 4 年之久。相反，豚鼠和野兔宝宝在出生几天之后就能啃食固体食物，很快便不再需要吃奶了。豚鼠和野兔的进化路径可能与拥有早熟后代的鸟类物种相同，比如鸡和涉禽类等。这些物种的幼鸟在破壳而出之后便会睁开双眼、跑来跑去、自行寻找食物，只不过还不能飞翔，不能充分调节自身的体温。如果地球上的生命能逃过眼下这场由人类掀起的屠杀劫难，那么几千万年之后，豚鼠和野兔的后代很可能会放弃遗传了许久的泌乳功能。

由此可见，其他的生殖策略或许能为哺乳动物所用。将豚鼠和野兔的新生幼崽转变为无须吃奶的哺乳动物新生幼崽，似乎用不了几个基因突变就能实现。不过，这样的事情并没有发生：哺乳动物依然遵循自身特有的生殖策略。同样，就算雄性泌乳在生理学上具有可行性，并且用不了几个基因突变就能实现，但从进化的角度来看，雌性哺乳动物还是领先于雄性，将共同拥有的泌乳的生理潜能发挥到极致。在泌乳功能方面，雌性经历了数千万年的自然选择过程，而雄性则没有。所有我引述来阐明雄性泌乳的生理潜能的物种，包括人类、奶牛、山羊、狗、豚鼠和迪亚克果蝠，其雄性的产奶量远少于雌性。

用性哺乳的可能性

然而，近来有关迪亚克果蝠的发现依然引人深思。我们不禁要问，在当今世界，是否还存在一些不为人知的两性共同承担哺乳重任的哺乳动物，抑或未来会进化出这类哺乳动物？因为无从考究迪亚克果蝠的进化史，所以我们也不敢断言是什么样的条件在一开始便促成了自然选择对正常雄性泌乳的偏好；如果由雄性果蝠负责哺乳，那么它们又能为后代提供多少奶？不过，无论如何，我们都能在理论上对偏好正常雄性泌乳功能的进化条件进行预测。这些条件包括：幼崽数量很多，喂养负担巨大；一夫一妻制的两性配偶关系；雄性对亲子关系的高度自信；为了促进泌乳，父亲在伴侣怀孕期间便会分泌激素。

最符合上述各项条件的哺乳动物就是人类。在医学技术的支持下，上述条件越来越适用于人类。借助现代促孕药物和高科技授精方法，怀上双胞胎和三胞胎的概率越来越大。母乳喂养双胞胎会大大地消耗母亲的能量，在此期间，母亲每日所需的能量相当于新兵训练营里士兵所需的能量。虽然人们成天拿出轨开玩笑，但绝大多数经过基因测试的美国人和欧洲人的确是其父亲的亲生子。针对胎儿的亲子鉴定越来越普遍，这可以帮助男性确定亲子关系。

在动物界，体外受精有利于雄性对亲代投入的进化，而体内受精则会淡化这一进化。对于其他哺乳动物来说，雄性的亲代投入普遍被淡化了，而人类则强化了雄性的亲代投入，因为在过去 20 年里，试管授精技术已成为现实。当然，绝大多数宝宝依然是通过自然方式从母体中诞生的。不过，越来越多年龄稍长的男性和女性在怀孕这件事上遇到了困难。有报道称，现代人类的受孕能力呈下降趋势（或许的确如此）。在这些条件的综合作用下，无疑会有越来越多的人类宝宝将通过体外受精的方式降临人间，就像鱼类和蛙类一样。

所有这些特征将使人类成为雄性泌乳的第一候选者。虽然这一甄选过程可能要历经数百万年才能在自然选择的作用下趋于完美，但人类已有能力利用技术绕开进化的大道而走上捷径。通过用手刺激乳头和注射激素，新手父亲便能很快开发其泌乳功能，无须坐等进化过程中的基因突变。男性泌乳具有很多潜在优势。它是父亲和孩子之间的情感枢纽，而在母亲独自负责哺乳的情况下，这种感情枢纽只存在于母子之间。事实上，许多男性都颇为妒忌这种因哺乳而产生的特殊情感，还会因插不上手而觉得被排斥。如今，在发达国家，许多母亲都会因为工作、疾病或泌乳困难等原因而无法哺乳。实际上，母乳喂养不仅能让宝宝受益，也能让喂养者受益。母乳喂养的宝宝能获得更为强大的免疫力，罹患某些疾病的概率小，例如腹泻、中耳炎、早发性糖尿病、流感、新生儿坏死性小肠结肠炎以及婴儿猝死综合征（SIDS）。当母亲无法哺乳时，由父亲进行哺乳也能为宝宝带来相同的好处。

然而，我们必须认识到，阻碍男性哺乳成为现实的不仅有生理上的原因，还有心理上的原因。生理上的阻碍很好克服，但心理上的抵触却很棘手。传统观念认为，哺乳是女性的天职，第一个为宝宝哺乳的男性无疑会遭到其他众多男性的嘲讽。尽管如此，人类的繁衍已经开始涉及那些在几十年前看来还非常神秘的手段，例如，在不发生性行为的情况下实现体外受精，50 岁以上的女性也能成功受孕，胎儿可以在母亲之外的女性的子宫内妊娠，利用高科技恒温箱帮助体重只有一公斤的早产儿存活。从生理学的角度来看，人类的进步使女性的哺乳天职发生了动摇。事实证明，从心理学的角度来看，情况同样如此。或许，人类这一物种与其他动物的最大区别就是能够做出不符合进化规律的选择。虽然谋杀、强奸和种族屠杀这类手段广泛存在于其他物种和早期人类社会中，但今天的绝大多数人类会坚决抵制这种行为。那么，在这样的情况下，男性泌乳能否成为另一个反进化的选择呢？

WHY IS SEX FUN?

04

错时之爱

场景一：光线暧昧的卧室里，一位长相英俊的男人躺在床上，一位身穿睡衣的女子跑了过来。她左手上带着一枚耀眼的钻石婚戒，右手握着一张蓝色小纸条，俯身下去，亲吻男人的耳垂。

她："亲爱的，现在正是时候！"

场景二：同一间卧室里，同一对夫妻正在做爱。昏暗的光线恰到好处地模糊掉了个中细节。随后，镜头发生切换，带着同一枚钻石婚戒的手指慢慢翻动着日历（暗示时间的流逝）。

场景三：同一对俊男靓女幸福地抱着一个干干净净、面露笑容的宝宝。

他："亲爱的，排卵试纸告诉了我们最精准的时机，这真是太好了！"

场景四：同一只拿着蓝色小纸条的手打出字幕："排卵试纸，在家用尿液就能测出排卵期。"

如果狒狒能看懂人类的电视广告，一定会觉得特别好笑。它们根本不需要借助激素测试工具来检测雌性的排卵期，也就是卵巢排出一个卵子时可以受精的时间段。一到排卵期，雌性狒狒阴道周边的皮肤就会肿胀起来，变成鲜红色，从很远处就能看清，同时还会释放出独特的气味。如果碰到了不开窍的雄性狒狒，它既没看到红色阴道，也没闻到独特的气味，雌性狒狒就会主动岔开两腿蹲下来，将阴道暴露在雄性眼前。其他雌性动物也同样能觉察到自身排卵期的到来，并利用同样大胆的视觉、气味或行为信息来向雄性大方展示自己。

在人类看来，阴部鲜红的雌性狒狒非常怪异。事实上，人类女性很难察觉到自身的排卵期，这种情况在动物界实属罕见。不仅男性无法察觉到伴侣何时能受精，就连传统社会中的女性也无能为力。不可否认，许多女性会在一个月经周期的中间时段出现头痛或其他一些症状，如果没有科学家告诉她们这些症状与排卵有关，她们根本就不会知道这是排卵期的迹象。更何况，科学家也是直到1930 年才发现了这一点。虽然女性可以通过监测体温或白带来推测排卵期，但这完全不同于其他雌性动物所具备的直觉反应。如果人类也拥有对排卵期的直觉反应，那么排卵测试工具和避孕套的制造商早就破产了。

另外，在人类看来，每一天都可以发生性行为。产生这一怪异现象的直接原因是人类排卵期的隐秘性。大多数物种都将性行为限制在短暂的发情期之内，并为排卵一事大费周章。“发情期”对应的英文单词为“estrus”，其形容词“estrous”意为“发情期的”，两个单词都源于希腊文中的“gadfly”一词，意为“牛虻”；牛虻是一种昆虫，喜欢追逐牛群，把牛群逼得歇斯底里。到了发情期，雌性狒狒就会从为期一个月的禁欲期中觉醒，连续进行上百次交配；一只雌性地中海猕猴平均每 17 分钟就会进行一次交配，该种群中的每一只成年雄性猕猴都至少能尝到一次甜头。遵循一夫一妻制的长臂猿夫妇会一连几年没有性生活，直到雌性给最年幼的宝宝断了奶，再次进入发情期，一旦雌性怀孕，长臂猿夫妇就会再次进入漫长的禁欲期。

然而，人类可以在包括排卵期在内的任何一天发生性行为。无论哪一天，女性都可以发出邀约，男性也可以采取行动，无论女性能否受孕、是否在排卵期。即便经过了数十年的科学研究，人们依然不确定，如果女性的“性”趣存在周期性的变化，那么她们在这个周期中的哪个阶段最愿意接受云雨之事呢？在人类性行为中，参与者绝大多数都是未在受孕期的女性。人类不仅会在周期中的“错误”时间发生性行为，还会在确定女方不可能怀孕的情况下，即在孕中期和绝经期后，持续发生性行为。我的许多新几内亚朋友认为，在妻子怀孕时，非常有必要保持频繁的性生活，直至分娩。因为他们认为，不断为孕妇体内注入精子，能让胎儿变得更强壮。

从生物学角度来看（如果人们遵从基督教教义，将性行为的生物功能与受孕画上等号），人类的性行为似乎的确是一件吃力不讨好的事。女性为什么无法像其他雌性动物那样，在排卵期给出明确的信号，以便将性行为限制在能发挥实际作用的时间段呢？本章要讨论的是，排卵期的隐秘性、女性对性行为的持续接纳以及以娱乐为目的的性行为的进化过程。这三个特征是人类怪异的生殖行为中最具代表性的。

排卵期的隐秘性与对性行为的持续接纳

象牙塔中总会有那么几位闲来无事、尽找些无关痛痒的话题来搞研究的学者。话到此处，或许有读者会认为我就是典型的代表。我能想象得到全世界数十亿人一同抗议的情景：“除了要搞清楚贾雷德·戴蒙德这个家伙为什么如此蠢笨之外，根本没什么是需要解释的。你难道不明白我们为什么会随时随地行周公之礼吗？因为很享受啊！”

可惜，这样的答案并不能满足科学家的求知欲。动物在进行交配时，从它们专心致志、茶饭不思的样子来判断，应该也很享受。如果能将交配时长作为判断是否享受的标准，那么袋鼬比人类还要享受，因为它们能坚持 12 个小时。那么，为什么绝大多数动物只在雌性可以受孕时才认为，性行为是值得一做的趣事呢？行为和解剖结构一样，是经由自然选择进化而来的。因此，如果说性行为是一件享乐之事，那么一定是自然选择的结果。狗也很享受性行为，但只会在正确的时间去享受。狗和其他大多数动物一样，已经进化出了良好的直觉，可以在性行为能产生实际效果的时间段去享受。自然选择会偏好那些通过自身行为将基因传递给尽可能多的后代的个体。如果个体疯狂到在不可能孕育出后代的时间段去享受性爱，又怎能尽可能多地留下后代呢？

在第 2 章所讨论过的鸟类小斑姬鹟身上，我们看到了自然界诸多物种的性行为目的。在通常情况下，雌性小斑姬鹟只会在卵子等待受精时（就是在产卵前的几天里），主动寻求交配机会。一旦开始产卵，它的“性”趣就会立刻消失，要么拒绝雄性的追求，要么对雄性无动于衷。一个由鸟类学家组成的团队进行了这样一项实验，在 20 只雌性小斑姬鹟产下受精卵之后，将它们的伴侣置于别处，以便让这 20 只小斑姬鹟重归单身。研究人员观察到，其中 6 只雌性在两天之内便开始向陌生雄性发起交配邀请，而且有 3 只交配成功，除此之外，可能还有更多没有被观察到的交配行为。显然，这些雌性想蒙骗雄性，让它们以为自己正处于受孕期。当受精卵最终被孵化出来时，新来的雄性根本不知道这些幼鸟不是自己的后代。在好几个案例中，这样的策略都成功了，新来的雄性像生父一样，尽职尽责地喂养着幼鸟。对于雌性而言，所有的交配行为都带着强烈的目的性，根本不是单纯为了享受。

人类排卵期的隐秘性、对性行为的持续接纳以及性行为的娱乐性都是独一无二的，之所以会这样，是因为进化发挥了作用。智人这种独具自我意识的物种竟然察觉不到排卵期，要知道就连母牛这样没有自我意识的动物都对此了如指掌。这种现象确实存在矛盾之处。对于聪颖且自我意识强烈的女性来说，她们需要借助某些特别的事物才能将排卵期隐藏到连自己都无法察觉的程度。如同我们将要看到的，科学家完全没有想到，要搞清楚这些特殊情况并非易事。

其他动物之所以会“理智”地对交配行为保持节制，一个简单的原因是，性行为需要消耗大量的能量和时间，甚至会受伤或死亡。我们列举一些理由来说明为什么不应与爱人在不必要时共赴巫山云雨：

1. 对于雄性来说，制造精子是一件成本高昂的事情。带有“减少产精量”这一突变基因的雄性蠕虫的生存时间比普通蠕虫长。

2. 性行为所占用的时间本可以用来寻找食物。

3. 交合为一体的雌性与雄性可能会被捕食者或敌人盯上，以致被吃掉或捕杀。

4. 年长的个体可能会因性行为这一高强度的活动而伤及自身。

5. 雄性会为争夺发情期的雌性而展开争斗，并常常导致双方都身负重伤。

6. 对于许多物种来说，婚外性行为一旦败露，个体就要承担极大的风险。

这也就是说，人类如果能像其他动物一样，保持性行为的高效性，就能获得更多益处。那么，人类从目前这种低效的性行为中得到了什么补偿性的收益呢？

科学研究的方向集中在人类另一个不同寻常的特点上：人类婴儿天生的无助状态，即需要父母持续多年的养育。绝大多数哺乳动物的幼崽在断奶之后就能独自寻找食物，并很快独立。因此，大多数雌性哺乳动物有能力在父亲缺席的情况下独自养育后代，只在交配时才借雄性的精子一用。然而对于人类而言，许多食物只能通过复杂的工序来获得，仅凭幼儿自身的灵活性和心智是无法获得的。因此，人类的孩子在断奶之后至少需要抚养 10 年的时间，并依赖他人来获取食物。如果由父母双方共同来承担这份责任，定然比独自一人承担要轻松得多。即使到了现在，单身母亲在无人帮忙的情况下养育孩子也非易事，更别说史前处于狩猎采集时期的单亲母亲了。

现在，我们来想象这样一个场景。史前时期，某个洞穴中居住着一名女子。处于排卵期的她刚刚受孕。换作其他哺乳动物，完成授精的雄性会立刻离去，转而寻找下一位处于排卵期的雌性，并让其受孕。对于洞穴中的女子而言，男人的离开会让她未来的孩子面临饿死或被杀死的风险。那么如何做才能留住这个男人呢？她想出一个绝妙的方法：在受孕之后，继续接纳性行为！只要男人想要，就去满足。这样一来，男人就会一直留在她身边，无须到处寻找新的性伴侣，说不定还会与她和孩子分享每日捕猎所得。因此，我们认为，以娱乐为目的的性行为是将男女两性固定到一起的黏合剂，使他们在养育后代的过程中保持合作。实际上，这是人类学家早就接受的理论，并且有许多可圈可点之处。

然而，对动物的行为了解得越多，我们就越能意识到，这一“以巩固家庭伦理为目的的性行为”理论并不能回答许多其他的问题。黑猩猩和倭黑猩猩发生性行为的频率比人类还高，每天好几次，而且都是乱交，没有固定的配偶关系。许多哺乳动物中的雄性在没有性诱惑的情况下，也愿意留在伴侣和后代身边。长臂猿通常会保持一夫一妻的固定关系，且一连好几年不发生性行为。看看窗外的小鸟就不难发现，在喂养幼鸟这件事上，雄性燕雀有多么勤勉，而它与配偶之间的性行为早在雌性受孕之初就终止了。就连“妻妾成群”的大猩猩每年也只有屈指可数的几次交配机会，因为伴侣们要么在哺乳，要么不在发情期。为什么这么多雌性动物都无须通过性来贿赂雄性，而人类女性却不得不通过持续地接纳性行为来讨好对方呢？

人类夫妻和那些有禁欲期的动物夫妻之间存在一个关键差异。长臂猿、大多数鸣禽和大猩猩都是散居的，每一对夫妻（或一夫多妻群体）都占有独立的领地。这样的生存模式不会给潜在的婚外性伴侣提供多少相遇的机会。或许，传统的人类社会最与众不同之处在于，婚配双方生活在由诸多保持着固定夫妻关系的人们所组成的大群体中，并会在经济上与其他夫妻展开合作。除了哺乳动物之外，同样的情形还发生在栖息地密度极高的筑巢海鸟身上。不过，海鸟夫妻不会像人类这样依赖经济上的互助。

由此可见，人类的性困境是，父母双方必须在养育后代这件事上保持多年的合作，就算经常被周围其他成年人的性魅力吸引，也不能轻易地终止合作关系。婚外性行为会严重地影响到婚姻关系，也会极大地破坏夫妻合作育儿的大业。然而，婚外性行为在人类社会中十分普遍。尽管如此，人类还是进化出了隐秘的排卵期和对性行为的持续接纳度，从而使婚姻、合作育儿和通奸的诱惑融合成了独一无二的两性关系。那么，这些复杂的情况是如何融为一体的呢？

为什么排卵期具有隐秘性

对于这些充满矛盾的现象，科学家也是近来才有所了解，并提出了许多相互对立的理论，而且每一种理论都能反映出其作者的性别特征。举例来说，一位男性科学家提出了“卖淫”理论，认为女性进化出了用性来和男性狩猎者交换肉食的能力。还有一位男性科学家提出了“私通优化基因”理论，如果史前洞穴中的某位女子有一个无能的丈夫，她便会利用对性行为的持续接纳能力，来吸引附近洞穴中拥有更优质基因的男子，并怀上他的孩子。

有女性科学家提出了“反避孕”理论。女性都非常清楚，对于人类来说，生育是一件尤为痛苦且危险的事情，因为与母亲的身形相比，新生儿的个头太大了，而这与猿类近亲所面临的情形完全不同。体重为 45 千克左右的女性通常能诞下体重为 2.7 千克左右的孩子，但体重为人类两倍（约 90 千克）的雌性大猩猩生下的幼崽却只有人类婴儿的一半重（约 1.36 千克）。因此，在现代医疗技术出现之前，人类母亲常常会因难产而亡。时至今日，女性在分娩时依然需要众人的帮忙（在发达国家，妇产科医生和护士会提供帮助；在传统社会，则由接生婆或年长的女性来帮忙），而雌性大猩猩在生孩子时则完全可以自理，而且从未出现过因难产而死的情况。因此，根据“反避孕”理论，某些穴居女性不仅了解生育带来的痛苦和危险，还很清楚自身的排卵期，而后又运用这些知识进行了不恰当的避孕。这些女性无法将自身的基因传递下去，以至于现在的女性都无法察觉到自身的排卵期，因而无法在受孕期内避免发生性行为。

有关排卵期隐秘性的理论层出不穷，其中有两个理论听起来最有道理，我们姑且称之为“居家父亲”理论和“多父”理论。有意思的是，这两个理论表达的观点恰好相反。“居家父亲”理论认为，排卵期隐秘性的进化目的是促进一夫一妻制的形成，迫使男性待在家里，并由此强化他对亲子关系的信心。“多父”理论则认为，排卵期隐秘性的进化目的是让女性获得更多的性伴侣，并让男性无从确定与孩子的亲缘关系。

我们先来看看由密歇根大学生物学家理查德·亚历山大（Richard Alexander）和凯瑟琳·努南（Katharine Noonan）提出的“居家父亲”理论。为了理解这一理论，我们先设想一下，如果女性像拥有鲜红阴部的雌性狒狒那样将排卵期广而告之，那么婚姻生活将会是怎样一幅景象。丈夫从妻子阴部的颜色就能轻易且准确地判断出她的排卵期。在这些日子里，他闭门不出，坚持不懈、勤勤恳恳地与妻子做爱，以便让她受孕，将自己的基因传递下去。而在其他日子里，他会通过妻子颜色暗淡的阴部判断出，此时与她做什么都是白费力气。于是，他走出家门，四处寻找不设防的处于排卵期的女人，并想办法让她们受孕，好将自己的基因传递下去。他会心安理得地让妻子独守空房，因为他知道，妻子此时不会受到其他男性的诱惑，再说也无法怀孕。这就是雄性海鸥、鹅和小斑姬鹟采取的策略。

对于人类来说，如果排卵期是众所周知之事，那么婚姻生活必定会成为一场悲剧。父亲不爱回家，母亲无法独自养育孩子，于是婴儿会悲惨地死去。这对父母双方而言都没什么好处，因为谁也没能在传递基因这件事上获得成功。

现在，我们来设想一下另外一种情形。丈夫对妻子的受孕期毫不知情，若想提高妻子的受孕率，就必须待在家里，尽可能频繁地与她缠绵。此外，还有一个迫使他选择留在家中的动机，那就是确保妻子免受其他男性的觊觎，因为任何一天都有可能是妻子的受孕日，所以他不能离开。说不定，当丈夫在妻子的排卵日与其他女子同床共枕之时，有一位风流公子正在与妻子翻云覆雨，而丈夫则将精子浪费在了一个不一定能受孕的女子身上。这让男性又少了一个外出游荡的理由，因为他们无从判断哪位邻居的妻子正处于受孕期。结果皆大欢喜：父亲留在家里，与母亲共担育儿大任；孩子得以茁壮成长，免于早逝。这对于父母双方而言都是好事，因为两人都能成功地将自身的基因传递下去。

实际上，亚历山大和努南认为，人类女性的特殊生理构造迫使丈夫留在家中（至少比没有这种构造的情况更能留住丈夫）。一位能帮上忙的丈夫可以让妻子获得很多好处。如果丈夫能拿出合作的态度，依从妻子的生理规律行事，同样能获得好处。他只要待在家里就能确信，养育的孩子的确携带着自己的基因，而无须担心在自己外出打猎时，妻子会像狒狒一样到处展示鲜红的阴部，将排卵期广而告之，吸引来成群的追求者，并与那些家伙在大庭广众之下欢好。男性完全接受了这些基本原则，甚至在妻子的孕期和更年期之后，即便知道妻子无法受孕，他们仍会发生性行为。因此，在亚历山大和努南看来，女性之所以会进化出隐秘的排卵期和对性行为的持续接纳，就是为了促成一夫一妻制、共同育儿，以及加强父亲对亲子关系的信心。

与这一观点相对抗的是由加州大学戴维斯分校的人类学家萨拉·赫尔迪（Sarah Hrdy）提出的“多父”理论。人类学家很早就发现，在许多传统的人类社会中，杀婴现象曾经普遍存在。现代国家已经颁布了相关法律来制止这一现象。然而，直到近期，也就是在赫尔迪等人开展野外考察之前，动物学家并不清楚动物界中的杀婴现象有多么常见。除了狮子、非洲鬣狗等物种中普遍存在杀婴现象之外，有明确记录的还包括人类的近亲：黑猩猩和大猩猩。这些物种中的成年雄性会杀死那些从未与自己交配过的雌性的幼崽。比如，当入侵的雄性想要压制领地内原有的雄性，并将其雌性据为己有时，就会做出杀婴行为，因为“篡位者”知道，这些被杀死的幼崽和自己毫无关系。

在人类看来，杀戮婴儿是一种非常可怕的行为。因此，我们便不禁想问，为什么动物（包括以前的人类）会如此频繁地做出这么恐怖的行径？经过仔细思考，我们便会得出这样的结论：入侵者通过这样的卑鄙手段可以获得遗传优势。只要雌性处于哺乳期，排卵的可能性就会很低，而起了杀心的入侵者与刚被占领的雌性的孩子并不存在遗传上的亲缘关系。杀死幼崽可以终止母亲的哺乳期，从而刺激雌性恢复发情周期。在动物界的许多杀婴事件和霸占领地事件中，入侵者会让失去孩子的母亲怀上自己的孩子，以传递自己的基因。

在动物界，杀婴现象是造成幼崽死亡的一个重要原因，这是母亲面临的严重的进化问题，因为它们的遗传投入会随后代的死亡而一同消失。举例来说，在通常情况下，一只雌性大猩猩在一生中会因入侵的雄性大猩猩接管配偶群和残杀幼崽，至少失去一个孩子。事实上，在所有大猩猩幼崽死亡案例中，有超过 1/3 的情况是杀婴行为所致。如果雌性只有一个短暂且公开的发情期，那么占主导地位的雄性就能轻而易举地在那段时间里占有雌性，而所有其他雄性也会知道，那些幼崽是竞争对手的后代，于是会毫无愧疚之意地杀死它们。

现在，假设雌性的排卵期是隐秘的，并且能对性行为保持持续接纳的态度，那么雌性便可以利用这一优势与许多雄性发生关系，即便它只能背着配偶偷偷摸摸地做。在这种情况下，虽然没有哪只雄性对亲子关系拥有十足的信心，但多数雄性仍然会认为，自己可能是雌性所产下的幼崽的生父。这样一来，如果雄性能成功地赶走雌性的伴侣，并将雌性据为己有，那么就不必将幼崽杀死，因为幼崽可能是它自己的后代。它甚至可能会为幼崽提供保护，以及其他形式的亲代抚育。隐秘的排卵期还能减少群体内成年雄性之间的争斗，因为每一次单一的排卵期都不一定能怀孕，所以雄性不值得为此争得头破血流。

雌性利用排卵期的隐秘性来迷惑雄性，使它们对亲子关系信心十足，这样的行为在动物界中非常普遍，比如，一种名为长尾黑颚猴（vervet）的非洲猴子就采用这种策略，这种猴子在东非的野生动物园十分常见。长尾黑颚猴是群居动物，每个种群最多可容纳 7 个雄性和 10 个雌性。由于雌猴不会显露排卵期的任何生物特征或行为特征，所以生物学家桑迪·安德尔曼（Sandy Andelman）想出了一个办法。他找到了一群生活在一棵刺槐树上的长尾黑颚猴，然后在树下用一个带着漏斗的瓶子收集雌猴的尿液，并在实验室对尿液中与排卵有关的激素进行了分析。安德尔曼还对雌猴的排卵期进行了跟踪记录。最后发现，雌猴在排卵之前很久就开始交配，并一直持续到排卵结束很久之后，在孕期的前半段达到性接受能力的顶峰。

在孕期的前半段，雌猴的腹部还没有明显凸起，被欺骗的雄猴根本不知道自己是在白费功夫。只有到孕期的后半段，雌猴才会停止交配，当然雄猴也没那么好骗了。即使这样，种群中的绝大多数雄性依然有充足的时间与绝大多数雌性交配。有 1/3 的雄性能与每一位雌性交配。由此可见，雌性长尾黑颚猴利用排卵期的隐秘性，使周围暗藏杀心的雄性对自己的后代保持了仁慈的中立态度。

简而言之，人类学家赫尔迪认为，排卵期的隐秘性是雌性在进化上的调整，可以缓解成年雄性对自身后代的生存所造成的威胁。生物学家亚历山大和努南将排卵期的隐秘性视为确定父子关系和强化一夫一妻制的一种策略，而赫尔迪则认为它的功能在于扰乱亲子关系，与打破一夫一妻制无关。

讲到这里，你可能会开始质疑“居家父亲”理论和“多父”理论中存在的一些潜在问题。这两种理论都认为，女性有必要对男性隐瞒排卵期，然而就我们所知，女性自己也无法察觉到自身的排卵期。那么，为什么女性察觉不到排卵期呢？为什么她们既对排卵期保持高度的敏感性，又不能让阴部每一天都保持相同的红色以欺骗男性，并在非排卵期假装得“性”趣盎然以应付那些图谋不轨之徒呢？

这一问题的答案显而易见：女性很难在知道自己无法怀孕且完全没有兴致时，以高超的演技和极富说服力的方式来假装接纳性行为。这一回答尤其适用于“居家父亲”理论。在一夫一妻制的长期关系中，夫妻双方非常了解彼此。对于妻子来说，除非自己也被蒙蔽了，否则很难欺骗丈夫。

在杀婴行为会造成严重后果的种群之中，也许包括传统的人类社会。“多父”理论的存在是有道理的。然而，这一理论描述的情况似乎很难在现代人类社会中找到。诚然，婚外性行为时有发生，但父亲对亲子关系的质疑依然是个例，而非普遍现象。基因检测结果显示，在美国和欧洲，有 70% ～ 95% 的婴儿是婚内所生，也就是由母亲的丈夫所生。极少出现这种情况：每个婴儿周围都围绕着一大堆男人，他们流露出慈爱的眼神，甚至为其送上礼物，提供保护，而且心想“说不定我就是这个婴儿的亲生父亲”。

因此，当前的女性对性行为保持持续接纳的态度并不是为了保护孩子免于被杀。不过，在遥远的过去，女性很可能有过这样的动机，而性行为也由此发挥出了其他功能。

排卵期具有隐秘性的物种的共同特点

那么，我们应该如何评估这两个相互矛盾的理论呢？和许多与人类进化有关的问题一样，这一问题也无法通过化学家和分子生物学家擅长的试管实验获得答案。如果存在某个人类群体，可以允许我们使其中的女性在发情期阴部变成鲜红，而在其他时刻保持性冷淡，使其中的男性只会被阴部变成鲜红的女性吸引，那么，我们便能知晓这个问题的答案：男性会变得更花心，不管孩子（如“居家父亲”理论的预测），或排斥异己并具有杀婴倾向（如“多父”理论的预测）。然而，从科学的角度而言，这样的实验目前是不可能做到的，就算基因工程能够解决技术上的问题，但类似的实验也是不道德的。

不过，我们可以借用进化生物学家所采用的强有力的技术手段，那就是比较法。人类并不是具有隐秘的排卵期的唯一物种。虽然这种特征在所有哺乳动物中实属罕见，但在高等灵长类动物（猴子和猿类）中相当普遍，人类即是其一。很多灵长类动物在排卵期没有外在表现；也有很多灵长类动物虽有外在表现，但不那么明显；还有一些则会明目张胆地广而告之。任何一个物种的生殖策略都是自然选择的结果，都能反映出隐秘的排卵期的优势和劣势。通过对比灵长类动物我们发现，那些保持着排卵期隐秘性的物种都有一些共同的特征，而这些特征是公开排卵期的物种所不具备的。

这样的对比让我们站在全新的角度上来审视人类的性行为。瑞典生物学家比吉塔·西伦 – 图尔伯格（Birgitta Sillen-Tullberg）和安德斯·默勒（Anders Moller）的一项重要研究就以此为主题。他们的分析过程分为 4 个步骤。

第一步： 西伦 – 图尔伯格和默勒列出了所有高等灵长类动物可见的排卵期特征。许多读者看到这里或许会立刻表示质疑："对谁可见？" 猴子可能会发出人类无法察觉但其他猴子能轻易辨别的信号，比如气味（信息素）。养牛人想要利用人工授精技术为纯种奶牛配种，但他们总是难以判断出奶牛的排卵期，而公牛能轻而易举地通过母牛的气味和行为做出判断。

这种判断能力对奶牛来说很重要，但对高等灵长类动物而言并非如此。许多灵长类动物和人类一样，白天保持活跃，夜间进入睡眠，并且非常依赖视觉功能。嗅觉闻不出气味的雄性猕猴依然能通过雌性猕猴阴道周围的些许红色判断出其排卵期，尽管这种红色远不及雌狒狒的明显。那些被分类到“无可见排卵期特征”的猴子，其雄猴也和人类一样盲目，因为它们的交配时机完全不在排卵期内，也就是说，它们经常和不在发情期的雌猴和怀孕的雌猴交配。由此可见，人类给出的这个“可见的排卵期特征”的判断标准，并非毫无价值。

分析结果显示，在所有被研究过的灵长类动物中，有近一半（68 种中的 32 种）动物和人类一样缺乏可见的排卵期特征。这 32 种动物包括长尾黑颚猴、狨猴和蜘蛛猴，以及属于猿类的猩猩；另外有 18 种动物能表现出少许特征，例如人类近亲大猩猩；其余 18 种动物则会公开排卵期，例如狒狒和人类的近亲黑猩猩。

第二步： 西伦 – 图尔伯格和默勒根据不同的配偶体系，对这 68 种动物进行了分类。狨猴、长臂猿和其他包括人类在内的 11 种动物遵循的是一夫一妻制；包括人类和大猩猩在内的 23 种动物通常由一只成年雄性控制着一群雌性；包括长尾黑颚猴、倭黑猩猩和黑猩猩在内的 34 种动物遵循处于乱交状态，其雌性经常会与多位雄性交配，这一交配方式在灵长类动物中占多数。

说到这里，我仿佛又听到有人问：“为什么不把人类也分到乱交这一类中去呢？”实际上，我是谨慎地按照习惯来分类的。很多人确实会在一生中先后结交多位性伴侣，有的甚至会在同一时期内与多位异性保持性关系。然而，在任何特定的发情周期内，女性通常只会与一位男性保持性关系，而雌性长尾黑颚猴和倭黑猩猩在此期间会与多位性伴侣发生关系。

第三步： 结合第一步和第二步的结论，西伦 – 图尔伯格和默勒提出了这样一个问题：排卵期的隐秘性或公开性特征是否与某种特定的配偶体系有关？根据对前文两个相互对立的理论的理解：如果“居家父亲”理论是正确的，那么排卵期的隐秘性就是遵循一夫一妻制物种的特征；如果“多父”理论是正确的，那么排卵期的隐秘性就是乱交物种的特征。事实上，在 11 种遵循一夫一妻制的灵长类物种中，有 10 种其雌性的排卵期具有隐秘性，这占了绝大多数。没有哪种遵循一夫一妻制的物种会公开排卵期，而采取这种行为的物种（18 种物种中有 14 种）通常都是乱交物种。这一情况是对“居家父亲”理论的有力支持。

然而，即使推测和理论相契合，最多也只能说明一半的问题，因为我们完全没有考虑另一半的相关性。虽然大多数遵循一夫一妻制的物种其雌性的排卵期都具有隐秘性，但这一特征并不是一夫一妻制存在的必然条件。在 32 种具有这一特征的物种中，有 22 种不遵循一夫一妻制，而是乱交或一夫多妻制。具有隐秘的排卵期的物种包括遵循一夫一妻的夜猴、时常遵循一夫一妻制的人类、妻妾成群的长尾叶猴以及乱交的长尾黑颚猴。因此，无论是什么原因促使一些特种进化出了隐秘的排卵期，这股力量都能在各式各样的配偶体系中持续存在。

同样，大多数公开排卵期的物种都是乱交的，但乱交行为并不能保证排卵期的公开性。事实上，绝大多数乱交的灵长类物种（34 种物种中的 20 种）要么具有隐秘的排卵期，要么只会表现出轻微的可见特征。一夫多妻制下的不同物种同样拥有不同的排卵期特征，它们要么是隐秘的，要么会表现出轻微可见的特征，要么广而告之。这样的复杂性告诉我们，隐秘的排卵期在不同的配偶体系中具有不同的功能。

第四步： 为了找出这些不同的功能，西伦 – 图尔伯格和默勒对现存的灵长类物种谱系进行了研究。他们希望能从灵长类的进化史中找出排卵信号和配偶体系发生进化的关键点。他们的思路是，鉴于某些现代物种之间的亲缘关系非常紧密，因此可以推断出，它们拥有共同的祖先。这些物种所拥有的风格迥异的配偶体系和不同强度的排卵信号又说明，配偶体系和排卵信号的进化是近期才发生的事。

举例来说，人类、黑猩猩和大猩猩的基因相似度高达 98%，并且可以追溯到距今最近的 900 万年前的共同祖先，也被称为“缺失的一环”，即

> 被推定存在于人类和类人猿之间的动物尚未被发现。不过，“缺失的一环”的三位传承者在今天却表现出了各不相同的排卵期待征：人类的排卵期是隐秘的，大猩猩会发出轻微的信号，黑猩猩则会广而告之。因此，这三位传承者只有一位继承了“缺失的一环”的排卵期特征，而另外两位则进化出了不同的特征。

事实上，在现存的原始灵长类动物中，大多数都会发出轻微的排卵信号。由此可见，“缺失的一环”也可能具有这一特征，而大猩猩则从“缺失的一环”处继承了这一特征（见图 4-1）。在过去的 900 万年间，人类进化出了隐秘的排卵期，而黑猩猩进化出了明显可见的特征。因此，人类的排卵期特征和黑猩猩的排卵期特征都继承自那位会发生轻微信号的共同祖先，只不过后来朝着两个截然不同的方向进化了。虽然对于人类来说，处于排卵期的雌性黑猩猩那肿胀的阴部与狒狒的并无什么不同，但狒狒的祖先早在约 3 000 万年前便与“缺失的一环”分道扬镳了，也就是说，黑猩猩的祖先和狒狒的祖先彼此独立地进化出了各自那吸引眼球的阴部。

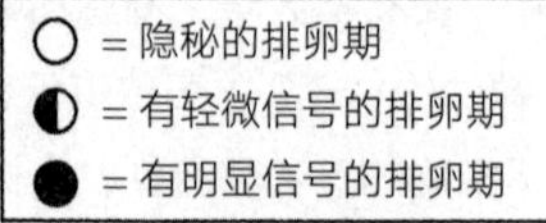

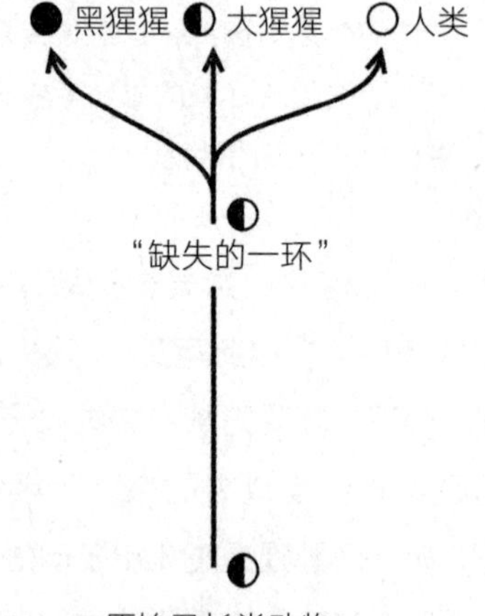

图 4-1　排卵信号的谱系

同样，我们可以推导出促使灵长类动物的排卵期特征发生进化的其他关键点。不难发现，排卵期的特征至少进化了 20 次。具有明显特征的排卵期至少有 3 个独立起源（包括黑猩猩在内）；隐秘的排卵期至少有 8 个独立起源（包括人类、猩猩和至少 6 种不同的猴类）；有轻微信号的排卵期曾重复出现过几次，要么是从隐秘的排卵期过渡而来（如一些吼猴），要么是从有明显特征的排卵期过渡而来（如许多猕猴）。

沿用此推理方式，我们还能在灵长类动物谱系中找出配偶体系发生改变的关键点。猿类和猴类的共同祖先很可能都遵循的是乱交的方式。然而，在人类及其近亲黑猩猩和大猩猩身上，这三种主要的配偶体系都有所体现：大猩猩遵循一夫多妻制，黑猩猩采取乱交的模式，人类遵循一夫一妻制或一夫多妻制（见图 4-2）。因此，900 万年前“缺失的一环”的三位继承者至少有两位已经改变了自身的配偶体系。其他证据也显示，“缺失的一环”遵循的是一夫多妻制，由此可见，大猩猩和部分人类群体单纯地沿用了这一体系。不过，黑猩猩独自发展出了乱交的方式，而许多人类群体则发展出了一夫一妻制。我们已经了解到，在配偶体系和排卵期特征方面，人类和黑猩猩朝着截然不同的方向发展。

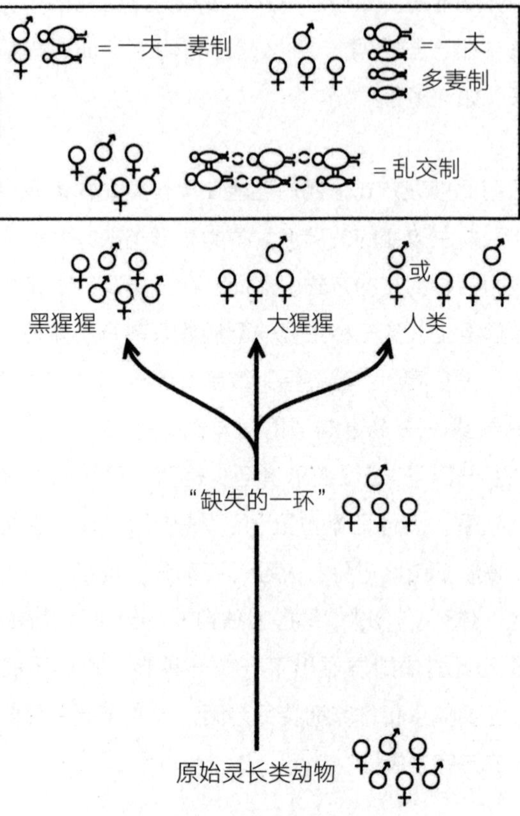

图 4-2　配偶体系的谱系

总体看来，一夫一妻制在高等灵长类动物中至少进化出了 7 次，包括人类、长臂猿以及 5 种不同的猴类；一夫多妻制至少进化出了 8 次，包括“缺失的一环”；黑猩猩和至少两种猴类则在其祖先放弃了一夫多妻制之后，自行进化出了乱交模式。

排卵期的隐秘性与配偶体系的关系

按图索骥，我们对远古灵长类动物的配偶体系和排卵期特征进行了重新组合。现在，我们终于可以将两组信息放在一起考虑了：当隐秘的排卵期进化出来后，在人类谱系的每一个关键点上，何种配偶体系占据了主导地位？

接下来，我们来探讨这个问题的答案。那些一开始会释放出明显的排卵信号的始祖物种逐渐进化出了隐秘的排卵期，而其中只有一种物种遵循一夫一妻制。相比之下，有 8 种（也许多达 11 种）物种属于乱交模式或一夫多妻制，其中包括从一夫多妻制下的“缺失的一环”进化而来的人类祖先。因此可见，促使进化出隐秘的排卵期的是乱交模式或一夫多妻制，而非一夫一妻制（见图 4-3）。这就是“多父”理论所预测的结论，与“居家父亲”理论并不相符。

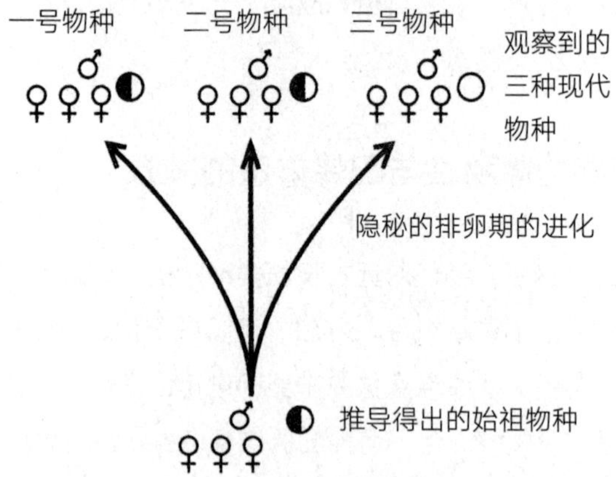

图 4-3　隐秘的排卵期的进化

注：结合现代物种与始祖物种的各自信息，我们可以推导出当排卵期特征发生进化时，占据主导地位的配偶体系是哪一种。我们认为，三号物种由一个拥有轻微排卵信号、遵循一夫多妻制的始祖物种进化出了隐秘的排卵期，而一号物种和二号物种则保留了祖先的配偶体系（一夫多妻制）和发出轻微排卵信号的特征。

那么，当一夫一妻制进化出来后，在人类谱系的每一个关键点上，又是哪一类排卵特征占据了主导地位？我们发现，那些明显公开排卵期的物种从未采纳过一夫一妻制；相反，一夫一妻制常见于已具有隐秘的排卵期的物种中，有时也见于释放轻微排卵信号的物种中（见表 4-1）。这一结论与“居家父亲”理论相符。

表 4-1 隐秘的排卵期的进化

配偶体系	一夫多妻制	→	一夫多妻制	→	一夫一妻制
排卵信号	轻微	→	隐秘	→	隐秘
排卵特征的功能或特征缺失的功能	高效性行为		迷惑父亲 防止杀婴		将父亲留在家里

那么，这两个看似相互矛盾的结论又是如何殊途同归的呢？不妨回忆一下，生物学家西伦－图尔伯格和默勒在他们第三步的分析中发现，几乎所有遵循一夫一妻制的灵长类动物都具有隐秘的排卵期。如我们所见，这样的结果是通过两个步骤得出的：第一步，遵循乱交模式或一夫多妻制的物种进化出了隐秘的排卵期；第二步，随着隐秘的排卵期的出现，该物种转而实行起了一夫一妻制。

隐秘的排卵期的进化意义

讲到这里，你或许会觉得人类的性史颇为混乱。我们最初提出的问题应该有一个直截了当的答案。这个问题便是：人类为什么要将排卵期隐藏起来，并愿意在任何一天接纳娱乐式的性行为？然而现在，我们非但没找到答案，而且问题变得越来越复杂，得分几个步骤作答。

简而言之，在灵长类动物的进化史上，隐秘的排卵期所发挥的作用不但不断发生变化，而且还出现过逆向变化。当人类祖先遵循乱交模式或一夫多妻制时，隐秘的排卵期进化而出。这一功能使古代猿人中的女性能与许多男性交配，但所有男性都不敢肯定女性所生的孩子是自己的，也就是说，这些男性中的每一位都有可能是孩子的父亲。因此，这些原本暗藏杀心的男性，谁也不想伤害猿人女性的孩子，其中一些可能还会提供保护和食物。出于这一原因，猿人女性进化出了隐秘的排卵期，并利用了这一功能，即选择一位优秀的穴居男性，诱使或强迫其留在家中，相信孩子是他亲生的，并提供许多保护和帮助。

细想起来，我们不应对隐秘的排卵期在功能上的转变感到惊讶。在进化生物学中，这样的转变十分常见。这是因为，自然选择并不是有设计意识的产品工程师，既不会刻意向前发展，也不会制订远期目标并规划直接路径。事实上，某种动物的某个功能最初发挥的是另一种功能，后来，这一特征发生了改变，逐渐失去了最初的功能。由此产生的结果是，随着生命的不断进化，类似的适应性会不断重复出现，以至于其功能出现了频繁的转移、反复，或者被遗失。

最为人熟知的一个例子就是脊椎动物的四肢。始祖鱼用来划水的鳍进化出了始祖爬行动物、鸟类和哺乳动物的腿，用来在陆地上奔跑、跳跃。一部分始祖哺乳动物与爬行鸟类的前腿独立地进化为蝙蝠与现代鸟类的翅膀，用来飞翔。还有一部分鸟类的翅膀和哺乳动物的腿独立地进化为企鹅和鲸鱼的鳍状肢，并有效地再现了鱼鳍的划水功能。另外，至少有三种鱼类独立地进化为没有四肢的蛇、无脚蜥蜴以及无足两栖动物（如蝾螈）。就隐秘的排卵期、有明显信号的排卵期、一夫一妻制、一夫多妻制以及乱交模式这些生物生殖特征而言，其功能基本上也是按照这样的方式不断变化，时而相互转化，时而经典重现，或者彻底遗失。

在这些进化转变中，我们能发现一些与两性情趣有关的线索。在德国著名作家托马斯·曼（Thomas Mann）所写的一部名为《大骗子克鲁尔的自白》（*Confessions of Felix Krull, Confidence Man*）的小说中，有一位名叫菲利克斯·克鲁尔的人物，他曾与一名古生物学家同处一节火车车厢，一路上听古生物学家讲述脊椎动物四肢的进化史。克鲁尔这样一个专事勾引社交界爱幻想女性的男人，竟对此很感兴趣。他从古生物学家的讲述中找到了灵感："人类的胳膊和腿保留了最原始的陆生动物的骨骼结构！这是多么令人激动的事情啊！女性那迷人的手臂，赐予了我们拥抱，给予了我们温暖。但从本质上来说，它们跟原始鸟类那带爪的羽翼和鱼类的胸鳍没什么两样。我会将这样一幅景象留在脑海中……幻想着曼妙臂膀中的古老骨架！"

生物学家西伦－图尔伯格和默勒揭示了隐秘的排卵期的进化过程，你可以据此展开想象，正如克鲁尔由脊椎动物四肢的进化想到了女性。等到下一次当你以娱乐为目的与伴侣缠绵之时，不妨留意一下女性的排卵周期，以及非受孕时所享受到的一生一世一双人的安全感，此时的幸福是远古祖先那独特的生理特征所赐，而他们也曾缱绻于妻妾成群，或是共享多位性伴侣的生活。令人感到讽刺的是，那些放浪形骸的祖先只会在为数不多的宝贵排卵期发生性行为，为了让女性受孕，男性粗鲁地追逐着生物需求。他们急于求成，根本无法像你一样悠然自得地享受性爱的乐趣。

WHY IS SEX FUN?

05

男人有什么用

有一年，我收到远方某城市一位大学教授的一封信，他邀请我参加一次学术会议。我并不认识这位教授，而且单纯从名字上也看不出他是男还是女。若要参加这次会议，我就得离家一整个星期且需长途飞行。然而，这封邀请函写得极富美感，如果会议也如此出色，那么必定不虚此行。因为要花费大量时间，我略有些迟疑，但最终还是接受了邀请。

到达会场后，我心中的疑云顿时消散了。和我预想的一样，会议很完美。组织者还尽心尽力地为我精心安排了许多会议之外的精彩活动，例如购物、赏鸟、参加酒会以及参观古生物遗址等。后来我才发现，这次完美会议的组织者和那封优雅的信件的执笔者是同一位女性。在会议上，她不仅发表了精彩的演讲，而且展现了自己非凡的性格特点，可以说，她是我见过的极富魅力的女性之一。

在由主办方安排的购物之旅中，我为妻子买了几件礼物。陪同我购物的学生将这件事告诉了那位女教授。在随后的酒会上，我正好坐在她旁边，因此她谈及了这些礼物。令我感到惊讶的是，她告诉我："我丈夫从来不会给我买礼物！"她以前也曾给丈夫买过礼物，但当她发现丈夫从来不会给自己买礼物时，便不再给他买了。

说到此时，坐在餐桌对面的来宾问了我几个有关新几内亚天堂鸟野外考察的问题。我告诉他，雄性天堂鸟不会在养育幼鸟这件事上提供任何帮助，而是会将时间全部花在尽可能多地吸引雌性这件事上。令我感到惊讶的是，女教授此时竟脱口而出："跟男人一个德性！"她说，她的丈夫比大多数男人好很多，常常鼓励她大胆追求事业。然而，在工作之余，他几乎每天晚上与其他男同事待在一起，周末在家时就知道看电视，一提到家务和带孩子就眉头紧蹙。她也曾向丈夫求助过，但最终还是放弃了，转而聘请了一位家政保姆。这样的故事十分常见，它之所以让我记忆犹新，是因为这位女教授是如此美丽、亲和、才华横溢，让人难免会认为，有幸能娶到她的男人一定会整天心甘情愿地围着她打转。

尽管如此，这位女教授的境况也比许多全职主妇要好得多。初到新几内亚高地进行野外考察时，我时常为当地女性所遭受的赤裸裸的虐待而感到怒不可遏。我在丛林小路上遇到的夫妻，妻子通常肩上扛着沉重的柴火、蔬菜，背上还背着婴儿，腰被压得直不起来，而丈夫则昂首挺胸、悠然自得，除了手里的弓箭外什么也不拿。这帮男人说是外出打猎，其实不过是去聊天、说大话，就算有所捕获，也会就地吃掉。妻子则被随意买卖和抛弃，毫无发表意见的权利。

当有了孩子之后，在陪同家人外出散步时，我终于体会到了那些男人的感受。在我看来，只有做了父亲，才能更深切地理解新几内亚那些陪伴着家人的男人的心境。我也是这样陪伴孩子的，将所有注意力都放在孩子身上，生怕他们会被车撞倒、摔跤、跑丢、意外受伤。传统的新几内亚男性一定比我更专注，因为他们的孩子和妻子面临的风险更大。那些走在背负着重物的妻子身边、看起来无忧无虑的男人，实际上担负着守望者和保护者的责任。他们之所以空着双手，是为了能在遭遇其他部落伏击时迅速张弓射箭。尽管如此，那些假意的打猎之行和随意买卖妻子的行为，还是令我感到困惑不解。

男人有什么用？这个问题听上去颇为俏皮，实际上却会触碰到当下社会的敏感神经。女性越来越无法忍受男性自封的地位，指责某些男性养尊处优，对妻儿不管不顾。在人类学家看来，这也是一个重要的理论性问题。如果以照料伴侣和孩子为标准，哺乳动物中的绝大多数雄性除了提供精子之外，毫无用处。在交配之后，雄性会立即离开，独留雌性承担养育、保护和教育后代的重任。不过，人类中的男性则不同。在通常情况下，他们会选择留在伴侣和孩子身边。人类学家普遍认为，男性因留在女性身边而额外衍生出的角色功能对人类独有特征的进化不可或缺。他们的推理过程如下文所述。

在农耕文明兴起之前，所有的人类社会都以采集和狩猎为生。在所有现存的狩猎采集社会中，男性和女性的经济角色是不同的。男性会花更多的时间去捕猎大型动物，而女性则会花更多时间去采集可食植物、抓捕小型动物以及照顾孩子。人类学家将这种普遍存在的职能分工视为传统意义上能促进小家庭共同利益的劳动分工，这是一种明智的合作策略。在猎杀大型动物方面，男性的能力比女性更强，因为他们不用随身背着婴儿，也不用随时给孩子喂奶，而且一般来说，男性比女性更强壮。人类学家认为，男性狩猎是为了给妻子和孩子提供肉食。

现代工业社会中也存在着类似的劳动分工：许多女性在照顾孩子方面投入的时间依然比男性多。虽然男性的主要职业不再是狩猎，但他们依然在通过从事能赚钱的工作（大多数美国女性也是如此）为伴侣和孩子提供食物。因此，“养家糊口”这个说法蕴含着深刻且古老的意义。

在传统的狩猎采集社会，供给肉食被视为男性的独特功能之一。因为只有狼和非洲鬣狗等少数哺乳动物的雄性才具有同样的功能。人们常常认为，这一功能和人类社会中普遍存在的其他一些将人类与其他哺乳动物区分开来的特征有关。尤其需要强调的是，与这一功能有关的还有男女两性在交合之后依然以核心家庭的方式保持着关系，以及人类的孩子（和猿猴幼崽不同）在断奶之后许多年都无法自食其力。

这一理论听上去如此明了，以至于人们理所当然地认为它是正确无误的。此外，该理论还对男性的狩猎行为做出了两个直接的预测。第一，如果狩猎的主要目的是为家人提供肉食，那么男性所追求的狩猎策略应该是能获得最多肉食的那一种。由此推断，我们应该能观察到，男性为了获得更多肉食，会每天外出狩猎大型动物，而非小型动物。第二，狩猎者理应先将猎物带给妻子和孩子，或者至少优先与家人分享，而不是与没有亲缘关系的人分享。这两个预测，是正确的吗？

男性狩猎行为的起因

令人惊讶的是，对于这个很基础的人类学假设，科学家几乎没有验证过。后来，犹他大学的女性人类学家克里斯滕·霍克斯（Kristen Hawkes）进行了一项验证。由女性作为该研究的发起人，也是顺理成章的事。霍克斯与金·希尔（Kim Hill）、玛格达莱娜·乌尔塔多（Magdalena

Hurtado）和H·卡普兰（H. Kaplan）一起对巴拉圭的北阿奇印第安人（Northern Ache Indians）的狩猎收获进行了量化评估。霍克斯还与尼古拉斯·布勒顿·琼斯（Nicholas Blurton Jones）以及詹姆斯·奥康奈尔（James O'Connell）合作，对坦桑尼亚的哈扎人（Hadza）进行了测试。我们首先来看看与北阿奇印第安人有关的数据。

北阿奇印第安人曾经完全是狩猎采集部落。他们在20世纪70年代开始从事农业活动，并定居下来，但依然会花大量时间在狩猎上。北阿奇印第安人的社会体系与通常的人类社会相似。男性不但擅长捕猎野猪和鹿等大型动物，还懂得从蜂巢中收集大量蜂蜜。女性则主要负责从棕榈树中提取淀粉，采集水果，捡拾昆虫幼虫，并负责照顾孩子。男性每天的狩猎收获都有所不同，如果能猎杀到一头野猪或找到一个大蜂巢，就能一次性喂饱许多人。事实是，有四分之一的日子男性都一无所获。相比之下，女性带回家的食物量是可预期的，每天的差别并不是很大，因为到处都能找到棕榈树。一位女性能获得多少淀粉，主要看她花了多长时间做压榨工作。女性虽然能为自己和孩子找到足够多的食物，但永远都无法捕获到能养活很多人的猎物。

在研究的过程中，霍克斯和同事发现的第一个令人惊讶的结论与男女觅食策略的回报差异有关。诚然，男性有时收获颇丰，获取的食物量远多于女性，如果运气好，抓到一只西貒（peccary），就相当于带回了 40 000 卡路里的热量。然而，男性的日均收获是 9 634 卡路里，少于女性的 10 356 卡路里。男性日常的收获则更低，日均才 4 663 卡路里。之所以会出现这种看似矛盾的结论，是因为男性垂头丧气、空手而归的次数远远超过了旗开得胜、猎获西貒的次数。

由此可见，从长远来看，对于北阿奇印第安人中的男性而言，与其全身心地驰骋于猎场，不如从事平凡的“女性工作”，跟着老婆一起压榨棕榈。由于男性比女性强壮，因此如果他们愿意，每天都能榨取到远多于女性产出的淀粉。然而，北阿齐印第安男性就好像瞄准大奖的赌徒，追求着诱人且不可预测的收获。不过，从长远来看，如果赌徒将钱存入银行，收取极其无聊但稳定的利息，会比拿钱去赌博要划算得多。

另一个让人意想不到的结论是，成功捕获猎物的狩猎者将肉食带回家之后，不仅会与妻子和孩子分享，还会与周围的每一个人分享，找到蜂蜜也是如此。在部落中，人人都有分享的习惯。每个北阿奇印第安人所享用的食物有3/4 都来自核心家庭之外的某个人。

我们很容易理解为什么北阿奇印第安女性不去捕猎。因为她们不能离开孩子，也无法承受某天空手而归的风险。如果没有食物吃，就会影响泌乳和怀孕。那么，为什么男性没有像人类学家推测的那样，选择去提取棕榈中的淀粉，而是从事狩猎这种平均回报率更低的工作，而且还会与除妻儿之外的其他人分享猎物呢？

这一悖论说明，对于北阿齐印第安男性来说，除了妻子和孩子的利益之外，在捕猎大型动物的偏好背后还隐藏着其他目的。在人类学家霍克斯向我讲解了这些问题之后，我心中陡然升起了一种不祥的预感，男人选择带肉回家的真正原因很可能不像“养家糊口”那样高尚。为了男同胞的集体尊严，我筑起了心理防线，试图找到一种能让我对男性的高尚品德重建信心的解释。

我的第一个异议是霍克斯用热量来衡量狩猎收获的做法。对营养学有基本认知的读者应该都知道，并非所有的热量都是相同的。或许猎捕大型动物的目的在于解决对蛋白质的需求，因为从营养学的角度来说，蛋白质比棕榈淀粉这种平淡无奇的碳水化合物更加宝贵。不过，北阿奇印第安男性不仅以富有蛋白质的肉类为目标，还会收集蜂蜜，而蜂蜜中的碳水化合物与棕榈淀粉一样稀疏平常。生活在卡拉哈里（Kalahari）沙漠的桑人（San）男性外出捕猎大型动物时，女性都在收集并加工蒙刚果（mongongo），而这种水果富含一种极其优质的蛋白质。在新几内亚低地的狩猎采集部落中，男性成天在外寻找袋鼠，且大多数时候一无所获，而女性和孩子则稳定地从鱼类、鼠类、昆虫幼虫和蜘蛛身上获取蛋白质。为什么桑人和新几内亚部落中的男性不以女性为榜样呢？

第二个异议是，说不定北阿奇印第安男性本就不是特别擅长狩猎，属于现代狩猎采集部落的例外情况。的确，对于因纽特人和北极印第安人来说，捕猎技能是不可或缺的，尤其是在冬季，除了大型动物之外根本找不到其他食物。然而，生活在坦桑尼亚的哈扎人和北阿奇印第安人不一样，平均来看，当以大型动物为目标时，他们的收获通常会比只关注小型动物要多。不过，新几内亚人和北阿奇印第安人一样，就算收获极少，也会坚持狩猎。哈扎人更是置危险于不顾，即便外出打猎 29 天，有 28 天空手而归，也在所不惜。在男人孤注一掷地跟长颈鹿较劲时，家里的妻子和孩子只能眼睁睁地饿着肚子等待。我们在前文提到，哈扎人和北阿奇印第安人通过狩猎偶尔捕获到的肉食并不仅限于自家人食用。因此，与其他策略相比，猎捕大型动物的收获究竟是多还是少，这取决于家人的观点。猎捕大型动物本就不是喂饱家人肚子的最好方法。

为了维护男同胞的面子，我想到了这样一种可能：与周围人分享肉食和蜂蜜这一行为是不是以互惠互利的方法来均摊狩猎所得？换句话说，我知道自己在 29 天中只能捕获到一只长颈鹿，而且跟我一起去打猎的同伴所面临的情况也是如此。我们每个人在狩猎时都各自为战，有可能各自会在不同的日子里猎杀到长颈鹿。如果所有获得成功的狩猎者同意与大家分享肉食，那么所有人就都能时常填饱肚子。由此可见，狩猎者应该愿意与其他捕猎高手分享猎物，因为这些高手平时最有可能获得肉食并给予回报。

然而，事实上，北阿奇印第安人和哈扎人会与身边的所有人分享猎物，无论那些人在捕猎方面很在行还是一窍不通。这就引出了这样一个问题，对于北阿奇印第安人和哈扎人来说，即便什么都不做也能分得肉食，为什么还要不屈不挠地去打猎呢？反过来说，既然捕获到的猎物无论如何都会被大家瓜分，为什么还要风雨无阻地去打猎呢？为什么不去收集坚果和抓捕鼠类，将这些食物带给家人，且不与他人分享呢？在为狩猎者寻找高尚动机的艰苦过程中，我一定忽视了某些尚不为人所知的卑劣动机。

我想到的另一个可能的高尚动机是：分享肉食能帮助到狩猎者所在的整个部落。部落作为一个群体，可谓一荣俱荣，一损俱损。如果部落中的其他人都在饿肚子，无法在敌人来袭时群起而攻之，那么只喂饱自家人又有何用。这一可能存在的动机将我们拉回到了最初的那个悖论上：能让整个北阿齐印第安部落得到最佳营养的办法就是每个人都放低姿态，去榨取棕榈以获得大量的淀粉，同时采集水果或捡拾昆虫幼虫。男性根本不应该为了偶尔能捕获的西貒而孤注一掷。

此外，我还想到了一点，那就是男性的狩猎行为对家庭的价值：狩猎行为是否与保护者的角色密切相关？许多陆生物种中的雄性都会将大量时间花在巡视领地上，比如，雄性鸣禽、狮子和黑猩猩的巡视行为可以同时达到几个目的：发现并驱赶来自领地周边的入侵雄性、观察入侵相邻领地的时机是否成熟、发现可能会对配偶和后代造成威胁的捕食者、观察事关食物和其他资源充足性的季节变化。同样，人类狩猎者在寻找猎物时也会替整个部落考虑，留意潜在的危险和机会。另外，狩猎是练习格斗技能的好机会，而这种技能在保卫家园时至关重要。

毋庸置疑，狩猎这一技能非常重要。尽管如此，我们仍然想问，狩猎者想要发现的是哪些危险，想要保护的是谁的利益？狮子等大型肉食动物的确会对生活在某些地方的人们造成威胁，但迄今为止，以狩猎采集为生的传统人类社会面临的最大危险来自敌对部落的狩猎者。落败部落的女性和孩子要么被杀，要么女人成为别人的妻子，孩子成为新部落的奴隶。从坏的角度来说，一群四处巡视的狩猎者随时准备以敌对部落男性为代价来彰显自身的遗传利益；从好的角度来说，他们为了保护自己的妻子和孩子，而提防来自其他部落男性的威胁。就后一种情况而言，男性通过巡视而为整个部落带来的好处和坏处，基本上可以相抵。

养家还是卖弄

我一心想着，或许可以将北阿齐印第安男性猎捕大型动物的高尚品德合理地归结于为妻儿提供保护。然而，我提出的所有观点都讲不通。随后，人类学家霍克斯又给我讲了一些赤裸裸的真相。除了吃饱肚子之外，北阿齐印第安男性还能通过捕获猎物获得极大的收益。这些收益跟其妻子和孩子毫无半点瓜葛。

实际上，北阿奇印第安人也会发生婚外情。研究人员向几十位北阿奇印第安女性询问了她们孩子的父亲是谁，也就是让她们怀孕的男性是谁。在被问询的 66 个孩子中，平均每个孩子都被母亲指认出了 2.1 位父亲。在一份由 28 位北阿奇印第安男性组成的样本中，相较于水平较差的狩猎者，优秀的狩猎者更有可能成为女性的情人，也更为频繁地被指认为孩子的父亲。

为了理解通奸行为的生物学意义，我们需要回忆一下第 2 章所讨论的与生殖特征有关的事实。男女两性的利益存在着本质上的不对等性。拥有多位性伴侣对女性的生殖结果来说并没有直接的好处。女性一旦受孕，至少在未来的 9 个月内是无法再怀孕的。在传统的狩猎采集社会，女性的哺乳期长达数年，而在此期间，怀孕的可能性也就更小，再找个男人，毫无助益。但对于男性来说，婚外情意味着只需几分钟，就可以将自己的后代数量翻倍。

现在，来看看人类学家霍克斯提出的两种不同的狩猎策略——“养家”策略和“卖弄”策略，及其各自的生殖结果。养家型狩猎者以预测性较高、回报率较高的食物为目标，例如棕榈淀粉和鼠类。卖弄型狩猎者则以大型动物为目标，不过，由于他们只能偶尔捕获大型猎物，因此大多数时候都空手而归，所以其平均回报率比养家型狩猎者低。平均来看，养家型狩猎者能为妻儿带回所需的大部分食物，但没有多余的食物与其他人分享；卖弄型狩猎者带回家的食物往往更少，但偶尔能获得大量肉食并与其他人分享。

显然，如果女性通过养育至成年的后代数量作为判断自身遗传利益的标准，那么在她们看来，更重要的就是能为孩子提供充裕的食物。因此，她们的最佳策略就是与一位养家型狩猎者结合。不过，通过与卖弄型狩猎者为邻，她们也能获得别的好处。因为她们可以通过婚外性关系，给自己和孩子换来额外的肉食。部落中的所有人都喜欢卖弄型狩猎者，因为他们会与众人分享偶尔得来的收获。

那男性如何才能最好地满足自身的遗传利益呢？卖弄型狩猎者虽然能获得优势，但也要忍受劣势。优势之一是偷情并生下私生子。除此之外，他们还能在部落中获得地位和尊严。因为他们能带回肉食并能与他人分享，其他人都会与他们为邻，甚至有人会将女儿送给他们作为伴侣，以示奖励。出于同样的原因，人们也会优待卖弄型狩猎者的孩子。卖弄型狩猎者的劣势包括：带回给妻儿的食物比较少，这也就意味着，他的孩子很少能存活到成年；当他们寻花问柳时，妻子也会成为其他男人的目标，这样一来，在妻子所生的孩子中，亲生的比例相对较低。对于养家型狩猎者而言，因为子女相对较少，所以很容易建立起对亲子关系的信心；而卖弄型狩猎者放弃了这样的信心，以期换来在亲子关系上的更多可能性。那么，对于他们来说，这样做真的更好吗？

答案取决于一些数字，例如，养家型狩猎者的妻子能够额外养育的亲生孩子的数量；在养家型狩猎者的妻子所生的孩子中，私生子所占的百分比；卖弄型狩猎者的孩子在部落的优待下，存活至成年的概率。关于这些数字，不同部落的数值各不相同，具体要看当地的生态情况。霍克斯在估算北阿奇印第安人的数值时认为，考虑到各种可能的情况，卖弄型狩猎者将基因传递给能存至成年的后代的概率比养家型狩猎者要高。这可能是男性选择猎捕大型动物背后的真正原因，而非传统观点所认为的为照顾妻儿。由此可见，北阿齐印第安男性始终在为自身利益着想，并没有真正地将家人放在心上。

男性狩猎者和女性采集者形成了选择性劳动分工，共建核心家庭，从而有效地提升了全家的利益，并会为小集体考虑，这种说法并非实情。狩猎采集部落的生活方式能反映出男女利益的典型冲突。正如我们在第 2 章所讨论的那样，能为男性的遗传利益带来最大好处的策略并不一定能为女性带来最大好处，反之亦然。夫妻双方虽然共享利益，但也各怀私心。女性的最佳选择是嫁给养家型狩猎者，而男性成为养家型狩猎者并非最好的选择。

近几十年的生物学研究发现，动物界和人类社会中存在许多诸如此类的利益冲突，不仅包括丈夫与妻子（或动物配偶）之间的冲突，还包括家长与孩子之间、孕妇与胎儿之间、亲兄弟姐妹之间的冲突，等等。父母与后代共享着基因，兄弟姐妹也共享着基因，不过兄弟姐妹可能是彼此最强劲的竞争对手，父母和后代之间也有可能会相互竞争。据许多动物研究显示，抚养后代会缩短父母的寿命，因为父母需要为此付出大量精力，承担大量风险。对于父母来说，一个后代意味着一个将基因传递下去的机会，但也有可能存在其他类似的机会。或许，抛弃一个后代，而将资源投放到另一个后代身上，对父母会更好，而后代的利益可能会通过“父母以命相抵，自己得以幸存”的方式最大化。在动物界和人类社会，这样的冲突时常会导致杀婴、杀父、戮母，以及手足相残等行为。基于遗传学和生态学的理论，生物学家对这些冲突进行了解释。不过人们对这些事早已耳熟能详，根本用不着理论依据。利益冲突最常见于有亲缘关系或婚姻关系的人们之间，这也是人生中最令人肝肠寸断的悲剧。

男人有什么用

上述结论能带给我们哪些启示呢？霍克斯及其同事只对北阿齐印第安和哈扎这两个狩猎采集部落进行了研究，得出的结论有待我们拿到其他狩猎采集部落中进行验证。

我在新几内亚的经历告诉我，霍克斯的结论很可能也适用于那里。新几内亚鲜有大型野生动物，捕猎的收获总是非常少，狩猎者常常空手而归。即便有所捕获，男性也会在丛林中就地吃掉。如果捕获到了大型动物，他们也会带回家，分享给所有人。在新几内亚部落中，虽然狩猎行为与经济无关，但男性可以因此而获得崇高的狩猎者身份，并以此获益。

霍克斯的结论与我们所在的人类社会又有什么关联呢？也许此时，你早已怒火中烧，因为已经预见到我会提出这样一个问题，并认为我会下此结论“美国男性也都不是什么好东西”。可惜，这并不是我要下的结论。我承认，许多（大多数？迄今为止的大多数？）美国男性或者丈夫都全心全意地为家庭付出，努力工作，将收入用在老婆和孩子身上，耐心地照顾他们，从来不会去做拈花惹草之事。

不过，有关北阿奇印第安人的结论，至少适用于我们社会中的部分男性。有些美国男性确实做出了抛妻弃子的行为，并且在离婚之后背信弃义，逃避法律强制的养育义务，这部分男性所占的比例简直高到令人发指，以至于政府都准备要出面干预了。在美国，单亲家庭的数量已经超过了正常家庭的数量。绝大多数单亲家庭都由母亲一人支撑。

如我们所知，某些男性一边维持着婚姻关系，一边不顾妻儿，将自己收拾得光鲜得体，将大量时间、金钱和精力花在了其他女人身上，以及构建男性身份和地位上。他们的关注点包括汽车、体育、饮酒等，却对家庭毫无贡献。虽然我并没有估算过美国男性中卖弄型和养家型男性的比例，但看起来卖弄型男性所占的比例并没有小到可以忽视的程度。

针对职场夫妻之间的时间分配问题所进行的研究发现，美国的职业女性为自身职责（包括工作、育儿和家务）所付出的时间是其丈夫的两倍，但平均而言，相同的职业，女性的收入却比男性要低。这份研究还显示，美国男性在评估自己和妻子在孩子和家务上的时间投入时，会倾向于高估自己的时间投入，而低估妻子的时间投入。在我的印象中，包括澳大利亚、日本、韩国、德国、法国和波兰在内的国家的男性，在育儿和家务方面所做的贡献可能比美国男性还要低。在此，我仅提及几个比较熟悉的国家。这就是为什么“男人有什么用”这样一个问题会在社会以及人类学家的讨厌中经久不衰。

WHY IS SEX FUN?

06

以少胜多

绝大多数野生动物直到死亡，或接近死亡之时，都仍拥有孕育后代的能力。人类男性也是如此。虽然有些男性会出于各种原因在不同的年龄段出现生育能力减弱或消失的问题，但男性不会在某个特定年龄段集中出现生育能力完全消失的现象。男性老来得子的案例不胜枚举，甚至 94 岁高龄的男性都能喜得贵子。

然而，人类女性从 40 岁左右开始，生育能力就会骤然下降，并在 10 年内彻底消失。虽然有些女性在 50 多岁时还有正常的月经周期，但在 50 岁之后，女性若想自然受孕，则难上加难，除非利用激素疗法和人工授精等新兴医疗技术。举例来说，美国的哈特派（Hutterites）反对避孕，因此其女性成员的生育率达到了生物条件所允许的最高值。同一位母亲两次生育之间的时间间隔平均只有两年，一生所育子女的数量平均多达 11 个。即便如此，哈特派女性在 49 岁时也会丧失生育能力。

对于女性来说，更年期是人生中不可避免的一个阶段。想到更年期，人们就会联想到各种身体不适，不过在进化生物学家眼里，女性的更年期是动物界的例外，很难用理论来解释。自然选择的本质是不断强化基因中的某些特征，而这些特征必须能增加携带这些基因的后代的数目。既然如此，自然选择又怎么可能使一个物种中的所有女性成员都带有同一个会抑制其留下更多后代的基因呢？所有的生物学特征都受制于遗传变异，人类女性进入更年期的年龄也是如此。如果说出于某种原因，女性的更年期在人类这一物种的生物学特征中占据了固定位置，那么为什么进入更年期的年龄不会遵从自然选择的偏好不断向后延迟，直至消失为止？毕竟，那些进入更年期较晚的女性能孕育出更多的后代。

在进化生物学家看来，女性的更年期是人类所有性征中最为怪异的一个。我个人认为，它也是极为重要的一个特征。在更年期、容量较大的大脑、直立行走的姿势、隐秘的排卵期、对娱乐式性行为的偏好等这些人类独有的特征中，我认为更年期是不可或缺且独一无二的，是人类超越并在本质上区别于猿猴的关键所在。

对女性更年期的讨论

恐怕许多生物学家都会对我的上述看法表示反对。他们会提出，女性的更年期并不会造成不可解决的问题，因此也无须做进一步讨论。反对意见主要分为以下三种。

第一，有些生物学家并不认可女性更年期的作用，认为这种现象不过是近期以来，人类期望延长寿命的人为后果而已。寿命的延长不仅得益于最近一个世纪以来公共卫生条件的改善，也得益于一万年前兴起的农业，更得益于4 000年来由进化引发的人类生存技能的突飞猛进。根据这一观点，在人类数百万年的进化历史中，更年期并不是频繁出现的现象，因为在遥远的过去，基本上没有哪个男性或女性能活过40岁，原本也不应该活过40岁。因此，女性的生殖系统注定会在 40 岁时开始关闭，因为在 40 岁之后，它们已经没有被利用的机会了。在人类的进化史上，寿命的延长是最近才出现的现象，而女性的生殖系统还没来得及做出相应的调整。

然而，这一观点忽略了一个事实，那就是人类男性的生殖系统，以及男性和女性的其他生物学功能都会在 40 岁之后的几十年间正常运转。或许你会感到奇怪，其他的生物学功能都有能力对寿命的延长做出快速响应，为什么只有女性的生殖功能做不到这一点？之前很少有女性能活到更年期阶段，这一说法是以古人类人口统计学为依据的。该学科的研究课题是以骨骼为基础，对古人类死亡时的年龄进行估算的。这些估算的依据未经证实且经不起推敲，比如考古得来的骨骼不可用作代表整个古代种群的无偏差样本，再比如现代技术无法通过骨骼估算出古人类的死亡年龄。的确，古人类人口统计学家能准确无误地将 10 岁的人类骨骼与 25 岁的人类骨骼区分开来，但从来没有人能证明，他们可以准确无误地将 40 岁的骨骼和 55 岁的骨骼区分开来。我们无法拿现代人类的骨骼与古人类的骨骼做对比，因为不同的生活方式、饮食结构以及疾病都会改变骨骼的衰老速度。

第二个反对意见虽然承认人类女性更年期是一种古老的特性，但拒绝承认它是人类独有的特征。许多野生动物的生殖功能都会随着年龄的增长而出现退化。研究人员发现，许多野生哺乳动物和鸟类中的年老个体都不具备生殖能力。生活在实验室笼子里或动物园中的猕猴和鼠类，因为能享受到营养丰富的饮食、优质的医疗条件和没有敌人威胁的生活环境，其寿命比野生同胞要长得多，其中许多年老的雌性都活到了不孕阶段。因此，有生物学家认为，人类女性的更年期隶属于动物更年期这一普遍现象。无论对这一现象做何解释，都意味着它存在于许多物种中，所以人类女性的更年期并没有什么特殊之处，无须进行太多讨论。

然而，正如偶然见到一只燕子，并不能说明夏天已经到来，一只不孕的雌性也不能证明更年期的存在。也就是说，无论是在野外偶然发现的不孕的雌性年老个体，还是在人为条件下长寿到不孕的个体，即便能表现出普遍存在的不孕现象，也不能说明更年期是野生动物生命中一种普遍存在的生物学现象。若想证明这一点，就需要验证野生动物中有很大一部分成年雌性能存活到不孕阶段，并会在失去生殖能力之后继续存活很长一段时间。

除了人类能满足这一条件，我们只能确定有一两种野生动物与人类是一样的，其中之一是澳大利亚袋鼬，其雄性而非雌性会表现出更年期特征：种群中的所有雄性会在8月进入不育状态，并在接下来的几周内死去。此时的袋鼬种群只剩下已怀孕的雌性。不过，相对于雄性袋鼬的生命历程而言，更年期之后的阶段短暂到可以忽略不计。袋鼬并不具有真正的更年期，它们的情况更符合大爆炸式的生殖（即一次生殖）特征。这类动物一生仅会进行一次生殖活动，此后会迅速进入不孕阶段和死亡阶段，譬如鲑鱼和世纪植物（century plant）。动物界更年期的典型案例来自领航鲸。在捕鲸者捕获到的所有成年雌性领航鲸中，通过卵巢判断，20%处于绝经期。雌性领航鲸在三四十岁时进入更年期，此后的平均存活时间可达14年，有的能活到60岁以上。

作为一种重要的生物学现象，更年期并非人类独有，至少还有一种鲸类与人类共有此特征。我们还可以在虎鲸和其他几个可能存在更年期的物种身上找到更多证据。不过，在其他寿命较长的野生哺乳动物中，具有生育能力的年老雌性并不鲜见，例如雌性黑猩猩、大猩猩、狒狒和大象。因此，不能将这些物种归类到更年期物种的范畴内。

举例来说，55 岁的大象可以说年事已高，因为 95% 的大象都会在 55 岁之前死去。不过 55 岁的雌性大象的生育能力依然能达到年轻雌性在生育巅峰期时的一半。

由此可见，雌性的更年期在动物界中并不常见，它在人类身上的进化过程也有待做进一步解释。人类肯定不是从领航鲸那里遗传到这种能力的，因为领航鲸的祖先和人类的祖先早在 5 000 万年前就分道扬镳了。事实上，在几百万年前，与黑猩猩、大猩猩的祖先分化之后，人类祖先才进化出了更年期，之所以这么说，是因为人类有更年期，而黑猩猩和大猩猩则没有（至少没有有规律的更年期）。

第三条反对意见认为，作为一种古老的现象，人类女性的更年期在动物界中的确不常见，但不应该去寻找解释，因为这一谜团早已被解开了。他们认为答案存在于更年期的生理学机制中：女性的卵子供给数量从出生时起就已经固定了，而且在随后的生命过程中也不会增加。每经历一次月经周期，女性就会失去一个或多个卵子，而更多的卵子则会自行消亡这种现象被称为卵泡闭锁。到了 50 岁左右，卵子已基本耗尽了。残留的卵子已经历经半个世纪的沧桑，对脑垂体激素的刺激所做出的反应越来越迟钝，而且数量太少，无法分泌出足够的雌激素以刺激垂体激素的释放。

然而，这一反对意见存在一个致命的悖论。上述说法的确没有错，但不完整。卵子的枯竭和生殖的衰老是人类出现更年期的直接原因，但自然选择为什么要将女性塑造成这个样子，让卵子在她们 40 多岁时就逐渐枯竭，并失去响应能力？女性为什么没有进化出两倍于既有量的卵子，为什么没有进化出在半个世纪之后仍拥有响应能力的卵子？关于这些问题，我们尚未找到有说服力的答案。大象、长须鲸和信天翁的卵子至少可以保持 60 年的活力，而陆龟的卵子的活力可以保持得更久。由此可见，人类的卵子原本完全有机会进化出同样的能力。

之所以说第三条反对意见不完整，是因为它混淆了近因机制与终极因机制。近因是临近的直接原因，而终极因则是导致该直接原因的一连串因素中最远的一个。举例来说，婚姻破裂的近因可能是丈夫发现了妻子的婚外情，终极因可能是丈夫长久以来的冷漠态度和夫妻双方在各方面的不和谐，而终极因是导致妻子寻求婚外情的原因。生理学家和分子生物学家经常因无法看清近因和终极因之间的区别而陷入困境，而这两者之间的区别是生物学、历史学和人类行为学中非常基础的内容。除了寻找近因机制之外，生理学和分子生物学别无他用。只有进化生物学能给出终极因的解释。举个简单的例子。箭毒蛙之所以有毒，近因是它们能分泌出一种名为蟾毒素的致命化学物质。然而，箭毒蛙所具有的这个分子生物学机制只是无关紧要的细节，因为许多其他有毒的化学物质也能发挥出同样的毒性。对箭毒蛙进化出有毒化学物质的终极因解释是，这种蛙类个头很小，如果没有毒性，就很容易在毫无招架之力的情况下，沦为捕食者的美味。

在本书中，我们已经不止一次地提到，研究人类的性征就是研究进化的终极因，而非生理学近因机制。人类之所以能在性行为中获得许多乐趣，是因为女性不仅有隐秘的排卵期，还具有持续接纳性行为的能力。那么，为什么女性能进化出这种不同寻常的生殖特征呢？从生理学上来讲，男性是具备泌乳功能的。那么，为什么男性没有在进化过程中对这种能力加以利用呢？对更年期这一谜团的简单解释是，女性的卵子供应至多只能持续到 50 岁左右，而后排卵功能就会出现障碍。然而，真正的挑战在于，我们应该如何理解人类进化出这种自我挫败式的生殖特征。

不可抗拒的衰老

我们不应该将女性生殖系统的衰老（用生物学术语来讲就是老年化）独立出来做分析，而应该将它与其他衰老过程结合起来。眼睛、肾脏、心脏以及其他器官与组织都会不可避免地经历衰老的过程。不过，从生理学的角度来说，人类器官的衰老并非不可避免，至少可以不用遵循常规的衰老速度，因为就维持良好功能而言，一些龟类、蛙类和其他物种的器官比人类的更长久。

生理学家和许多研究衰老的学者总在试图寻找能解释衰老的包罗万象的单一理论。近几十年来，科学界提出了一些备受关注的假设，涉及免疫系统、自由基、激素和细胞分裂等。实际上，所有年逾 40 的人都知道，身体各方面都已走上了下坡路，不只是免疫系统和对抗自由基的防御能力。虽然和全世界的许多人相比，我的生活压力并不算大，享受到的医疗条件也更好，但我依然无法逃过衰老的命运。59 岁的我已经充分体会到了岁月的消磨：受不了嘈杂，视觉减弱，嗅觉和味觉日渐迟钝，少了一颗肾脏，牙齿磨损得厉害，手指僵硬，从病痛中恢复过来的速度也比从前缓慢了，等等。因为小腿总是受伤，我不得不放弃了跑步的习惯；前不久左肘受了伤，花了好些日子才复原，后来又伤到了腱鞘。待年纪再大些，等待我的还有心脏病、动脉阻塞、膀胱问题、关节问题、前列腺增大、记忆力、肠癌等等一连串为人熟知的毛病。这些退化现象，就是所谓的衰老。

将人类的身体与人造结构进行类比，我们很快就能搞清楚退化背后的基本原因。动物的躯体和机器一样，会随着时间的流逝和使用次数的增加而日渐老化，并遭到极大磨损。若想对抗这一趋势，就要有意识地对机器进行维护和修理。自然选择赋予人类的身体会在无意识的情况下实现自我修复的功能。

无论是身体还是机器，都会以两种方式得到维护。第一种维护方式是，在机器部件已损坏的情况下，对局部进行修理。如果轮胎被扎破了，防撞梁被顶弯了，可以修补；如果轮胎或刹车片损坏到修理工都无法下手的地步，那就得换新的。身体也是以同样的方式修复损伤的。最常见的例子就是，当皮肤被不小心划破时，伤口会自己逐渐愈合。更多时候，诸如受损的 DNA 在分子层面上的修复等一些看不见的修复过程不断地在身体内部发生着。就像坏掉的轮胎可以换成新的一样，身体也具有这种能力，可以恢复受损器官的功能，比如长出新的肾脏、肝脏等内脏组织。这种再生能力在其他许多动物身上有着更为强大的体现。如果人类能像海星、螃蟹、海参和蜥蜴那样让失去的胳膊、腿、内脏和尾巴再生，那将是多么美好的事情！

第二种维护方式是，无论是否存在巨大损坏，机器和身体都会时常或自动进行保养，以修复日渐成形的磨损。举例来说，当定期保养车辆时，人们会更换机油、火花塞、风扇皮带和滚珠轴承等部件。同样，身体也会不断长出新的毛发；每隔几天就长出新的小肠内壁；每隔几个月就更换一批新的红细胞；一生还会换一次牙；构成人体的蛋白质分子也在经历着看不见的更新换代。

为保养汽车花的心思、资源会直接影响到车辆的驾驶寿命。身体的保养也是如此，这种保养不仅包括参加体育锻炼，去医院看病以及其他一些有意识的维护活动，还包括人体自身进行的完全无意识的修复和维护。皮肤、肾脏组织和蛋白质的再生会用掉大量的生物合成能量。不同的物种在自我维护方面的投入差异巨大，因此其衰老的速度也天差地别。有的龟类能活 100 多年。生活在实验室笼子里的鼠类，每天都享有充足的食物，不会遭遇捕食者的袭击，也不用面对任何危险，还能得到比任何野生鼠类或全世界大多数人类都要优越的医疗条件，但它们还是不可避免地会在三岁生日之前因年老体衰而死亡。人类与其近亲类人猿在衰老速度方面也存在着差异。生活在动物园中营养充足、安全无忧、得到兽医精心照料的猿类，基本上没有能活到 60 岁的。相比之下，生活充满危险、医疗条件也很差的美国白人，其男性平均都能活到 78 岁，女性能活到 83 岁。与猿类相比，为什么人体能在无意识的情况下更好地发挥自我修复功能？为什么龟类衰老的速度比鼠类慢许多？

如果人类能在修复工作中竭尽全力，频繁更换所有的人体部件，那么（在没有事故的情况下）就可以完全避免衰老，达到长生不老的目标。若能像螃蟹那样让四肢再生，就能避免关节炎；定期长出一个新的心脏，就能避免心脏病；像大象那样一生换 5 次牙，而不是只换一次，就能避免龋齿。虽然有些动物在修复身体的某一特定功能方面投入巨大，但没有哪种动物会在所有方面都做出巨大投入，也没有哪种动物能完全避免衰老的命运。

再次用汽车来做类比，我们便能看出个中缘由：修复和维护的费用。大多数人兜里的钱都是有限的，不得不节约着花。花钱去修车，以便让车子能继续使用，也是一笔费用。如果修车的费用太大，那不如放弃旧车，买一辆新的。人类的基因也面临着类似的权衡，它们会考虑，是对容纳基因的老躯体进行修复比较合适，还是为基因创造一个全新的躯体比较合适（也就是生个宝宝）。无论是对汽车，还是人体来说，投入在修复上的资源都占据了原本可以用来“换新”的资源，也就是买新车或生宝宝。鼠类这种自我修复投入较低、寿命较短的动物比人类这种维护投入较高、寿命较长的动物，能更快速地生育后代。两岁就会死亡的雌性老鼠，自几个月大开始，就以每两个月生 5 个宝宝的速度繁育下一代，而人类到两岁时，距离生育年龄还有很长一段路要走。

这也就是说，自然选择以基因传递最大化为目的调整着对修复和繁衍的相对投入。不同物种对修复和繁衍的相对投入有所不同。有些物种在修复方面非常吝啬，能快速地产下后代，但也死得很快，比如老鼠。其他一些物种，比如人类，在修复方面投入巨大，能活上近百年，在此期间能生下十几个孩子（哈特派信徒），或 1 000 多个孩子（嗜血者伊斯梅尔）。人类生育后代的年均速度远远比不上老鼠，就算有嗜血者伊斯梅尔的本事也一样，不过人类比老鼠拥有更长的寿命去做生儿育女这件事。

特别的绝经期

人们发现，修复上的生物学投入（并由此获得最佳条件下的生命长度）取决于一个重要的进化因素，那就是因事故和恶劣条件而死亡的风险。如果你是德黑兰的出租车司机，就不会把钱浪费在修理出租车上，因为在德黑兰，就连最谨慎的出租车司机也会每隔几周就遭遇一次交通事故。既然用不了多久就要买新车，还不如把修理费用省下来。同样，那些非常有可能因意外事故而死亡的动物在进化过程中形成了较少修复、较快衰老的生存模式，就算生活在营养充足、环境安全的实验室笼子里也不例外。老鼠在野外很容易被捕食者盯上，于是在进化过程中形成了较少修复、较快衰老的生存模式。而与老鼠大小相仿的鸟类则拥有更多修复和更慢的衰老过程，因为鸟类在野外可以通过飞翔逃脱捕食者的追击。龟类在野外有龟壳做保护，因此在进化过程中形成了比其他爬行动物更缓慢的衰老速度，而带刺的豪猪也比大小相仿的哺乳动物拥有更缓慢的衰老速度。

这一规律同样适用于人类和猿类。古人类通常生活在地面，利用矛和火自卫，相比于树栖猿类，他们死于捕食者或从树上掉下来的风险更低。由此而形成的进化结果如今依然存在，人类的寿命也比生活在动物园中过着安全、健康和富足生活的猿类长几十年。人类一定是在和猿类近亲分道扬镳之后，才从树上下到了地面，开始用矛、石头和火武装自己，并在过去 700 万年间，进化出了更优秀的修复机制和更缓慢的衰老速度。

随着年龄的渐长，身体的各个部位都会开始出现问题。上述道理在这里依然讲得通。虽然进化设计的真相很令人伤感，但的确经济实惠。如果对身体的某一部件投入了极大的维护，令其使用寿命超过了其他所有部件，甚至超过了预期寿命，那么就是在浪费生物合成能量。与其如此，不如将能量投入到生育后代这件事上。效率最高的身体结构就是，所有器官在同一时间段被消磨殆尽，然后退出生命舞台。

同样的原理也适用于人造机器，从企业家亨利·福特（Henry Ford）这位大幅度提高了汽车制造效率的大亨身上就能看出来。有一天，福特让员工去汽车报废场检查报废了的T型福特轿车残存部件的磨损情况。员工回来说，所有的部件都出现了严重的磨损迹象，只有转向节主销几乎没有受损。令员工感到惊讶的是，福特并没有为做工优良的转向节主销而感到骄傲，而是宣布，转向节主销的制造过程太过精致，从今往后要降低其制造成本。福特的做法可能会打破我们对匠人精神的向往，但非常符合经济学逻辑：他们之前的确在质量优良的转向节主销上浪费了钱财，因为转向节主销的寿命超过了整部轿车的使用寿命。

通过自然选择进化而来的人体设计也是如此，唯有一点例外。人体的每一个部件基本上都在同步磨损。男性的生殖特征也适用于福特的这一原则，因为男性的生殖系统并不会突然停止工作，而是会累积各种毛病，而且不同的人会出现不同程度的前列腺肥大、精子数量减少等问题。转向节主销原则也适用于动物的身体。在从野外捕获的动物身上，很少能找到与衰老有关的破损迹象，因为野生动物在身体情况不佳时，更有可能死于捕食者之口或意外事故。不过，生活在动物园或实验室笼子里的动物会和人类一样，其每一个身体部件都会表现出渐进衰老的迹象。

这一令人悲哀的原则同样适用于两性的生殖系统。就雌性而言，猕猴在30岁左右时便用尽了体内的功能性卵子；兔子在上了年纪之后，其卵子的受精概率也会逐渐下降；随着年纪的增长，仓鼠的卵子出现功能失常的概率也越来越高。年老的仓鼠和兔子的受精胚胎的存活率也会降低。对于仓鼠、老鼠和兔子来说，子宫的衰老会增加胚胎的死亡率。由此可见，雌性动物的生殖系统是整个躯体的缩影。随着年龄的增长，不同个体在不同的年龄阶段，其每个部件都有可能出现问题。

不过，转向节主销原则无法适用于一个明显的例外情况：人类女性的更年期。在经历了短暂的生育高峰期后，在预期寿命到来的数十年之前，所有女性的生殖系统都会戛然而止。在许多以狩猎采集为生的部落，女性更年期到来的时间可能就在预期寿命到来的前夕。女性的生殖系统之所以会关闭，原因之一是生理学上的一个小因素：功能性卵子的枯竭。这个小因素完全可以通过一个能稍稍改变卵子消亡速度的突变来解决。显然，在生理学上，我们找不到人类女性更年期必须存在的原因，在哺乳动物的普遍进化过程中也找不到。在过去数百万年的进化过程中，在自然选择的编程下，人类女性被专门设计成了提前关闭生殖功能的状态，而男性则没有。另外，生殖系统这种未老先衰的特征还与另一个具有压倒性优势的趋势相悖：在其他方面，人类已经进化出了延迟衰老的特征，而非提前衰老。

绝经期存在的进化基础

若想解释女性更年期的进化基础，我们就必须明白：这种表面上看起来事与愿违、无法留下更多后代的进化策略，实际上是如何帮助女性生育更多孩子的。随着年龄渐长，比起再多生一个孩子，女性能通过很多其他方式来增加携带自身基因的后代的数量，比如全身心地照料现有的孩子、未来的孙辈以及其他亲属。

进化的推理过程包含了一系列残酷的现实，其中之一是，人类的孩子需要长期的亲代养育，而这段时间远远超过了其他任何一种物种的亲代养育时间。黑猩猩宝宝自断奶之后就可以自食其力了，而且大部分食物都是它们自己找到的。虽然黑猩猩有利用工具的能力，例如用草根钓白蚁、用石头砸坚果等（这也是人类科学家非常感兴趣的研究课题），但通过工具获得的食物只占其全部食物的极小一部分。黑猩猩宝宝还会用双手来加工食物。相比之下，靠狩猎采集为生的人类的大部分食物都是通过工具获得的，譬如挖掘棒、网、矛和篮子；绝大多数食物的加工也要依靠工具，例如去壳、砸碎、切开、烹煮等。人类不会像其他捕食类动物那样，利用坚硬的牙齿和强健的肌肉与危险的敌人对抗，而是会利用工具。就手部的灵活性来说，人类幼儿连使用工具都成问题，更别说制作工具了。工具的使用和制作既需要通过模仿来传承，也需要通过语言来传播，这意味着人类的孩子至少要付出 10 年的努力才能学会。

因此，在绝大多数社会中，人类的孩子直到十几或二十岁时才有能力做到经济上的独立，才能自食其力。在此之前，他们不得不依靠父母，特别是母亲。因为如前文所述，在养育后代这件事上，母亲通常会比父亲投入得更多。父母不仅要为孩子寻找食物、教授他们制作工具的方法，还要提供保护，以及争取部落地位。在传统社会，母亲或父亲的早逝会让孩子背负上一生的偏见，因为即使另一方再婚，孩子的存在也有可能会影响到继任家长的遗传利益。无人收养的年幼孤儿的存活率则更低。

因此，在狩猎采集社会中，如果拥有数个孩子的母亲无法存活到最小孩子长大成人，便会损失一部分遗传利益。人类女性更年期背后的这一残忍事实在另一个残忍事实的推波助澜下，显得更加凶险：每个孩子的出生都会对之前的孩子构成直接威胁，因为对母亲而言，生育是要冒生命危险的。在其他大多数物种中，这一危险并不突出。举例来说，在一项针对 401 只怀孕雌性猕猴的研究中，只有一只因生产而死。对于传统社会中的人类来说，生育的风险要高许多，而且会随着年龄的增长而不断提高。就算在富裕的西方社会，超过 40 岁的高龄产妇的生产风险也是 20 岁产妇的 7 倍之多。不过，每个新生儿的降临都会让母亲的生命受到威胁，例如难产导致的死亡，或是在哺乳、照料、为养活孩子而辛劳工作的过程中，因疲劳过度而死亡。

另一个残忍的现实是，高龄产妇需要面对流产、死产、新生儿体重过轻，以及基因缺陷等各种问题。孩子的存活率和身体健康的程度也与母亲的年龄有关，年纪越大，概率越低。举例来说，母亲的年龄越大，胎儿携带唐氏综合征遗传基因的概率就会越大，从 30 岁以下母亲的 1/2 000 增加到 35 岁至 39 岁母亲的 1/300，继而再增加到 43 岁母亲的 1/50。如果母亲接近 50 岁，那么胎儿携带唐氏综合征遗传基因的概率则会增长到可怕的 1/10。

随着年龄渐长，女性获得了更多孩子，而且用于照顾他们的时间也更长了。因此，之后的每一次怀孕都是一次更大的冒险，而她们死于生育时或生育后的概率，以及胎儿或新生儿的死亡率，还有孩子存在缺陷的概率都会提高。实际上，即使年长的母亲冒了很大的风险，她们获得的潜在收益也很少。这些因素使人类女性的更年期获得了自然选择的偏好，并得出了“女性生的孩子越少，存活下来的孩子反而越多”的矛盾结论。自然选择并没有将更年期设置到男性的生殖程序中，这是因为还存在三个残忍的现实：男性从不会因生孩子而死亡；他们鲜少因交合而死亡；他们不会像母亲那样，在照顾婴儿时累到精疲力竭。

如果女性到老时依然没有进入更年期，而后怀孕，并在生产时或在照顾婴儿时死亡，那么她因此而失去的利益甚至会超过之前的投入。这是因为，孩子最终也会生养自己的孩子，而养育孙辈也得算到之前的投入中，特别是在传统社会，女性的存活不仅对其孩子而言至关重要，对其孙辈而言同样不可或缺。

霍克斯对更年期后的女性所承担的照料孙辈的工作进行了研究。她和同事对生活在坦桑尼亚地区以狩猎采集为生的哈扎人进行了研究，重点关注了不同年龄段的女性在森林中搜寻食物的特点。研究发现，将大部分时间用于采集食物（根茎、蜂蜜和水果）的女性都是更年期后的女性。这些辛劳的哈扎族祖母每天会花费长达 7 个小时的时间来寻找食物。相比之下，十几岁的少女和新婚女子每天只会劳动 3 个小时，已婚女性每天会劳动 4 个半小时。如我们所想，采集的收获（以平均每小时所收获的食物的重量为标准）会随年龄和经验的增长而不断提高，相较于十几岁的少女，成熟女性的劳动回报更高。不过有意思的是，祖母的收获其实和那些壮年女性的收获一样多。在采集食物上花费更多的时间，以及保持不变的效率，使得更年期后的女性和其他年龄段的女性相比，每天能带回更多食物，即便收获远远超出了自身的需要，哪怕身边没有小孩需要照料。

霍克斯和同事观察到，哈扎族的祖母会和近亲（孙辈和成年的子辈）分享多余的食物。将食物热量转化为宝宝体重的高效策略之一就是，年长女性将热量分配给孙辈和成年的子辈，而非自己的孩子（如果她还有能力生育的话）。这是因为年长女性的生育能力会随着年龄的增长而下降，而她的孩子则正处于生育高峰期。分享食物并非传统社会中更年期后女性所做的唯一贡献。祖母还会帮忙照看孙子孙女，好让她已成年的孩子生养更多携带自身基因的宝宝。另外，祖母的社会地位对子辈和孙辈也有所助益。

若想以上帝视角或达尔文视角来决定，是让年长女性经历更年期，还是让她们继续生育，那么不妨列一张资产负债表，在其中一栏里写明更年期的收益，在另一栏里写明更年期的成本。更年期的成本是，女性会因此放弃生育能力；潜在收益则包括：避免了因高龄生育和抚养婴儿而死亡的风险，同时因孙辈和子辈的存活率增加而获得收益。收益大小取决于多个细节：生产时及生产后的死亡风险有多高？随着年龄的增长，该风险的增幅有多大？在不生孩子和不承担养育责任的情况下，该年龄段的死亡风险有多大？在更年期之前，生育能力随年龄增长而下降的速度有多快？在尚未经历更年期的年长女性身上，生育能力随年龄增长而下降的速度有多快？上述这些因素因社会环境的不同而不同，很难估算。因此，尽管对两个关键因素做出了讨论，但人类学家仍然无法做出判断：对孙辈的投入以及对现有子女已投入的保护是否足以让女性选择接受更年期，从而放弃生育更多孩子；也无法解释人类女性更年期的进化历程。

绝经期进化的驱动力

然而，更年期还有个鲜为人知的功能。在公元前 3300 年，美索不达米亚文字诞生之前，所有的人类社会都属于无文字社会。在这种社会中，对整个部落而言，长者的重要性不言而喻。人类基因学教科书断言，自然选择无法排除致人衰老的突变。或许，因为老年人已步入了所谓的“后生殖”阶段，所以自然选择才不会刻意去消除这类突变。我认为，这种说法忽视了一个让人类有别于其他物种的关键事实。如果“后生殖”意味着人类无法从携带自身基因的其他人的生存和生殖上获益，那么除了隐士之外，恐怕没有哪个人会真正步入“后生殖”阶段。的确，不得不承认，生活在野外且存活到不孕阶段的猩猩可以被纳入“后生殖”的行列，因为除了带着年幼后代的母亲之外，所有猩猩都过着独居生活。我也承认，在现代文明社会，老年人所做的贡献会随着时间的增加而减少。人口老龄化问题的根源便在于此。它不仅会影响到老年人自身，也会影响到整个社会。现代人是通过文字、电视或广播等媒介来获取信息的，因此很难想象出，在无文字的社会中，长者作为信息和经验的储备库，是多么重要。

关于老年人扮演的角色，有这样一个例子。我在新几内亚以及临近的西南太平洋岛屿上对鸟类进行野外生态学考察时，与没有文字历史的人群生活在一起。那些人使用石器工具，主要靠狩猎采集为生，也通过一定规模的耕作和渔业补充生计。我常常请教村民，那些鸟类、动物和植物用当地语言怎么说，以及相关的一切知识。我发现，新几内亚人和太平洋岛屿上的居民拥有大量的传统生物学知识，他们知道 1 000 多种物种的名称，了解每个物种的栖息地、行为和生态情况，以及各种对人类有用的信息。这些都非常重要，因为在传统上，野生动植物是人类的食物来源，也是建筑材料、医药和装饰物的来源。

我发现，每当我提出与某种稀有鸟类有关的问题时，只有年长的狩猎者才能给出答案，而他们在回答不上来时便会说："我们要问问老人。"然后，他们会将我带到一间小屋里，那里面坐着一位更年长的男性或女性。很多时候，我所见到的长者都因白内障而失明了，基本上没有行走的能力，也没有牙齿，只能吃别人嚼碎的食物。尽管如此，他们也是整个部落的图书馆。这些社会没有传统文字，而长者对当地环境的了解比任何人都要深，对于很早之前发生过的事件，他们的信息更准确。因此，通过这些长者，你一定能寻得稀有鸟类的名称以及相关知识。

这些长者积攒了一辈子的经验，对整个部落的生存至关重要。1976年，我造访了位于西南太平洋气旋带的所罗门群岛的伦内尔岛（Rennell Island）。当我问及鸟类食用水果和种子的情况时，我的伦内尔向导用当地语言讲出了几十种植物的名称，并一一列出了食用不同植物果实的鸟类和蝙蝠，还告知了这些果实是否可供人类食用。依据食用标准，果实被划分为三类：当地人从来不吃的果实；当地人常吃的果实；当地人只有在饥荒时，比如在"hungi kengi"之后才会吃的果实。我之前并不熟悉"hungi kengi"这个说法，但在伦内尔岛总能听到人们说起。后来我才明白，这个说法是指伦内尔人记忆中最具破坏力的一次飓风灾害。此次灾害发生在 1910 年左右，其发生的年代是人们根据欧洲殖民地统治时有确定日期的事件推算出来的。“hungi kengi”破坏了伦内尔岛上的森林植被，毁掉了人们种植的田园，将人们逼入饥饿的深渊。岛上的居民只能靠吃那些平时没人吃的野果来活命，但这样做就需要了解哪种植物有毒，哪种植物没有毒，以及能否通过加工来消除毒素。

我喋喋不休地追问着哪种野果可以食用，于是那位正值中年的导游只得将我带到村中的一间小屋里。果不其然，在眼睛适应了屋中昏暗的光线后，我看到角落里坐着一位身体虚弱的老奶奶，她已失去了行走的能力，所以需要人搀扶。她在那次“hungi kengi”中幸存了下来，经历过那段饥荒岁月后，她知道哪种植物富有营养且可安全食用，而且，她是唯一一位还活着的当事人。她对我说，“hungi kengi”发生时，她还是个未到婚嫁年龄的小孩子。我是在 1976 年造访的伦内尔岛，飓风灾害发生在 66 年前，也就是 1910 年前后，据此推断，这位老奶奶大概有 80 多岁。她之所以能从 1910 年前后的灾害中幸存下来，有赖于那些从“hungi kengi”之前的大规模飓风灾害中幸存下来的长者的经验。现在，当地人能否挺过下一次飓风灾害，只能仰仗于这位老奶奶的记忆。所幸，她还记得十分清楚。

类似的事情不胜枚举。在传统社会，人们既要时常面对可能会失去性命的小风险，又要面对会威胁到所有人生命的罕见的自然灾害或部落战争。在小规模的传统社会中，每个成员实际上都是血脉相通的，因此传统社会中的老人们不仅对于自己的子孙的生存有着重要意义，对于几百个互有血缘关系的人们的生存也有重要作用。

在一个社会中，如果有能活到很大年纪并记得像“hungi kengi”之类的重要事件的老人，那么这个社会中人群的存活率就会比那些没有这类长者的社会高。年老的男性无须承担生养孩子的风险，以及哺乳和照顾孩子的辛苦职责，因此人类男性才不会进化出更年期来保护自己。没有更年期的年老女性会逐渐消失在人类的基因池中，因为她们一直在承担着生儿育女的风险，以及照顾孩子的辛苦工作。当“hungi kengi”之类的危机爆发时，年老的女性若已故去，就相当于从基因池中带走了所有现存的亲属。尽管背负着越来越低的存活率，继续生育一两个宝宝可以带来一些优势，但为此而付出的遗传代价却是巨大的。在我看来，年老女性的记忆对整个社会来说十分重要，而这种重要性正是人类女性进化出更年期的主要驱动力。

有绝经期存在的其他物种

按照血缘关系群居生活、通过文化（而非基因）传播知识从而获得生存机会的物种，并非只有人类。举例来说，鲸也是一种智慧动物，拥有复杂的社会关系和文化传统，从座头鲸的歌声中我们便会知道这点。一个最恰当的例子就是，领航鲸是除人类之外的另外一种拥有雌性更年期的哺乳动物。领航鲸的种群和人类传统的狩猎采集社会一样，由 50 ~ 250 个个体组成。遗传学研究显示，每个领航鲸种群都是一个大家庭，个体之间存在着亲缘关系，而且无论雌雄，都不会从一个种群出走到另一个种群。每个种群中都有相当一部分成年雌性领航鲸处于更年期后的阶段。虽然雌性领航鲸在生宝宝时不会像人类女性一样面临巨大风险，但雌性之所以出现更年期，很可能是因为在没有更年期时，年老的雌性无法承担哺乳和照料幼崽的重负。

在自然条件下，其他一些社会性动物的雌性究竟有多大比例会存活至更年期后的阶段，这还有待研究。这些物种包括黑猩猩、倭黑猩猩、非洲大象和虎鲸等。其中的大部分物种都因人类的猎捕而日趋稀少，以至于我们很可能已经失去了对其野外生存状况进行调查的机会，也就无法得知其雌性更年期的生物学意义。不过，科学家已经开始收集虎鲸的相关数据。人们之所以对虎鲸等其他大型社会性哺乳动物感兴趣，一部分原因在于，我们能从它们身上及其社会关系中看到人类的影子。由于这个原因，在发现某些物种能像人类一样通过生育更少的后代来获取更多回报时，我一点儿都不觉得惊讶。

WHY IS SEX FUN?

07

广而告之的真相

我的一对夫妻朋友曾在婚姻生活中经历了一段艰难岁月。为了保护隐私，我在此姑且称他们为亚特和朱迪。他们在各自经历了一系列婚外情之后决定分居。最近，他们又重新在一起了，一部分原因是分居给孩子带来了不小的打击。现在，亚特和朱迪都在为修复这段残缺的关系而努力，两人都承诺不会再做出任何不忠的行为。然而，两人心中的怀疑和酸楚却怎么也无法抹去。

在这种情况下，一天早上，正在出差的亚特给家里打了一个电话。电话那头传来的是深沉的男性嗓音。亚特感到自己的喉咙顿时被什么东西堵住了，他迫切地想要得到一个解释。他心想："我是不是拨错电话号码了？怎么会有个男人在我家里？"他不知道该说些什么，慌乱中脱口而出："请问史密斯夫人在吗？"那个男人实话实说："她在楼上的卧室里，正在穿衣服呢。"

一瞬间，亚特火冒三丈。他在心里怒吼："她又开始和别人乱搞了！她竟然让一个混蛋睡我的床！还有脸接电话！"他脑海中闪现出一幅幅画面：自己冲回家，杀死了妻子的情人，拽着朱迪的头撞向墙壁。回过神来，他仍旧不敢相信自己的耳朵，于是对着电话磕磕巴巴地问："您，是哪位？"

电话那头的人忍不住咯咯地笑了起来，收起了男低音，恢复了童声："爸爸，你听不出来我是谁吗？"原来是他们的儿子，儿子 14 岁，正处于变声期。亚特顿时松了一口气，瞬间放松了下来。

这通电话让我不禁想到，就算是唯一拥有理性思维的人类，也会被非理性的动物式冲动控制。一个跨越八度的音调变化和五六个平淡无奇的音节就能让亚特脑海中的形象从一个充满威胁的情敌转变为天真可爱的孩童，让亚特的心情从恨不得杀人放火的愤怒转变为充满慈悲的爱意。看来，无足轻重的线索也会体现年轻与衰老、丑陋与美丽、步步紧逼与软弱无能之间的差别。从亚特的故事中，我们看到了动物学家所说的“信号”的力量，即能被快速识别的线索即便是微不足道的，也代表着重要且复杂的生物学特征，例如性别、年龄、侵略性、关系等。信号是动物在交流时不可或缺的元素。动物之间的交流能使一只动物改变另一只动物做出某种行为的概率，且交流方式是一方或双方都能适应的。微小的信号本身无须消耗多少能量（例如，低声说出几个音节），却可能激发出需要大量能量才能产生的行为（例如，冒着生命危险杀死另一个个体）。

无论是对于人类还是其他动物来说，信号都是通过自然选择进化而来的。举例来说，同一物种的两只动物在体型和力量上会存在差别。假设它们面对着同一种资源，且这种资源仅能供一方使用和获益，如果双方能交换信号，准确地表达出各自的相对实力，那么双方就都能据此推断出竞争的结果，这样一来，双方都能获得好处。若能避免竞争，体弱的一方就能免于受伤或死亡，而强壮的一方则能节省能量，规避风险。

那么，动物的信号是如何进化而来的呢？传达的真实内容是什么？换句话说，这些信号是动物随心所欲的表达，还是蕴含着某些深层次的意义？是什么保证了信号的可靠性，将被忽悠的可能性降至最低？我们来一起探讨一下这些与人类身体信号有关的问题，并将重点放在与性有关的信号上。不过在此之前，我们需要大致了解一下其他动物的信号。由于有些对照实验是无法在人类身上进行的，所以我们需要通过观察动物来更加清晰地认识这些问题。我们将会了解到，动物学家通过标准化手段对动物的身体进行了改造，从而对动物信号有了更深入的了解。虽然有些人会请外科整容医生对自己的身体进行改造，但就结果而言，这并不是一个好的对照实验。

动物信号

动物发送信号的方式有很多种，为人熟知的有声音，比如，鸟类在吸引伴侣或向竞争对手宣战时所发出的领域性鸣叫，在捕食者靠近时所发出的警告性鸣叫。我们熟悉的信号还有行为，喜欢狗狗的人都知道，狗在准备攻击时，耳朵、尾巴和背部的毛发会竖立起来，而在表示服从或放下戒备时，耳朵、尾巴和背部的毛发是低垂的。许多哺乳动物会利用嗅觉信号来标识领地，比如，狗会用尿液的气味来标识路边的消火栓，蚂蚁会用嗅觉信号来标识通往食物的路线。还存在其他形式的信号，比如电鱼（electric fish）之间的电信号，我们对这些信号不太熟悉，也很难理解。

上述的这些信号可由动物迅速地发出或中断，而另一些信号则与动物的解剖结构密切相关，传递着各种信息。从鸟类的羽毛上，我们能分辨出雌雄，从大猩猩或猩猩的头型上，我们也能分辨出雌雄。正如第 4 章所述，许多灵长类动物中的雌性会在排卵期，通过屁股或阴道周围鲜红的颜色和肿胀的皮肤来宣传自己。尚未达到性成熟的幼鸟的羽毛和成年鸟类的并不相同。比如，性成熟的雄性大猩猩的背部会长出银色的毛发；鲱鸥（Herring Gull）的羽毛能反映出具体的年龄，因为不同年龄阶段的鲱鸥，其羽毛是不相同的。

我们可以对动物进行改造，或者创造一个假体，使其带有不同的信号，然后从实验角度对动物信号进行研究。

例如，同一性别的个体对异性的不同吸引力可能取决于身体构造中某个特定部位的不同特征，人类对此深有感触。在相关实验中，研究人员选择了长尾寡妇鸟（Long-Tailed Widowbird）作为实验对象。这种非洲鸟类的雄性的尾羽最长可达 40.64 厘米，能在吸引雌性时发挥重要作用。在实验中，研究人员对尾羽做了延长和缩短的处理，结果发现，尾羽被剪短到 15 厘米左右的雄性基本吸引不到伴侣，而尾羽被额外延长至 50 厘米左右的雄性，则能吸引到更多伴侣。刚刚孵化出来的鲭鸥幼鸟会去啄父母喙部下方的红点，好让父母吐出消化了一半的胃内食物，供自己食用。由于轻啄红点可以刺激父母吐出食物，因此浅色细长物体上的红点也会刺激鲭鸥幼鸟去啄弄。幼鸟啄带有红点的人造喙部的次数是啄无红点人造喙部的四倍；其他颜色的人造喙部被啄的次数仅是红色喙部的一半。最后一个例子来自一种名为大山雀的欧洲鸟类，其胸部长有一条黑色条纹，那是象征着社会地位的信号。研究人员在喂鸟器上安装了由无线电电机驱动的胸部条纹模型，如果真山雀发现模型的条纹比自己身上的条纹宽，就会选择离开，不在此处进食。

有关性信号的三个理论

尾羽的长度、喙部点状图案的颜色、黑色条纹的宽度等看似随意的信号却会引发巨大的行为反应。你可能会问，动物到底是如何进化成如今这个样子的？为什么大山雀看到胸部条纹比自己稍宽的同伴会放弃进食，转身离开？黑色条纹的宽度究竟有何神奇之处，能让大山雀知难而退？不难想象，原本处于劣势的大山雀只因为带有宽条纹的基因，就能获得本可能不属于它的社会地位。那么，为什么这样的“忽悠”行为能够得逞呢？

我们尚未找到这些问题的答案。动物学家一直在为此争论不休，一部分原因在于，不同物种的不同信号有着不同的意义。我们先来看看与身体所发出的性信号有关的理论。性信号是指某一性别的身体所具备的特定结构，而同一物种的异性则不具备这种结构。这一结构的作用是吸引潜在的异性伴侣，或震慑同性竞争对手。关于这种性信号，有三种相互竞争的理论。

第一个理论是由英国遗传学家罗纳德·费希尔（Ronald Fisher）提出的，被称为“费希尔失控选择”理论。人类女性以及其他所有物种中的雌性在选择异性伴侣时都会陷入困境，因为所有雌性都希望能找到一位拥有优秀基因，并愿意将基因传递给雌性后代的异性。这是一项艰巨的任务，因为雌性并不知道评估男性基因质量的直接方法。如果雌性出于某种原因通过遗传获得了某种能力，只会受到拥有某一特定结构的雄性的性吸引，那么这种特定结构就可以让这类雄性获得比其他雄性多一点点的生存优势。这也就是说，拥有该结构的雄性能获得额外的好处：吸引到更多的雌性伴侣，并能将自身基因传递给更多的后代。同时，偏好这类雄性的雌性也会获得好处：将这种结构的基因传递给自己的儿子，而儿子便能由此受到雌性的关注。

失控的选择过程偏好那些拥有特定结构的雄性，而这些雄性携带着能让该结构越来越突出的基因；也偏好那些拥有特定能力的雌性，而这些雌性则携带着会被特定结构迷得神魂颠倒的基因。通过代际传递，该特定结构的体积将变得越来越夸张，越来越醒目，直到因此而失去最初可得的那一点点生存优势。这就好比稍微长一点的尾羽对飞行有所助益，但孔雀那硕大又烦琐的尾巴则肯定无助于飞行。只有当特定结构夸张到对生存造成负面影响时，这一进化的失控过程才会停止。

第二个理论是由以色列动物学家阿莫兹·扎哈维（Amotz Zahavi）提出的。该理论认为，许多发挥着身体性信号作用的结构都非常巨大和显眼，且不利于动物的生存。举例来说，孔雀或长尾寡妇鸟的尾羽，不仅对其生存毫无助益，还会使它们的生活变得更加艰难。拖着又沉、又长、又宽的大尾巴的鸟类不仅很难从茂密的植被中滑翔而过，而且很难起飞并在空中保持飞翔状态，因此也就很难逃脱捕食者的魔爪。许多性信号都很亮丽且醒目，自然也很容易引起捕食者的注意，比如园丁鸟（bowerbird）的金色羽冠等。另外，长出巨大的尾巴或羽冠的成本非常巨大，因为需要消耗大量生物合成能量。因此，扎哈维认为，在所付出的成本如此巨大的情况下，雄性鸟类还能存活下来，其实是在向雌性证明，自己在其他方面拥有特别优异的基因。因此，当雌性看到带有如此多累赘的雄性时，可以放心大胆地与它交配，因为长有大尾巴的雄性不可能是劣等雄性。因为如果该雄性其他方面的能力不够好，就根本不可能长出这种结构，也不可能存活下去，除非它各方面都特别优秀。

我们能想到许多符合扎哈维提出的“诚实缺陷”理论的人类行为。比如，一位男性向女性吹嘘自己很富有，以此让那些想嫁入豪门的女子与自己上床。然而，这个男人没准儿是在说谎。女子只有在看到男人将大把的钱花在那些毫无用处的昂贵首饰和跑车上时，才会相信他的话。有的大学生会在参加重要考试的前一晚疯狂玩乐，在众人面前表现出一副毫不在意的样子，事实上，他们想表达的是："谁都能通过刻苦学习拿到好成绩，但我天赋异禀，就算整天逍遥自在，玩到没有时间学习，也照样能拿到好成绩。"

第三个与性信号有关的理论是由美国动物学家阿斯特丽德·科德里奇–布朗（Astrid Kodric-Brown）和詹姆斯·布朗（James Brown）提出的，被称作"广告的真实性"理论。布朗夫妇和动物学家扎哈维的观点一致，而与遗传学家罗纳德·费希尔的观点不同，他们强调：成本高昂的身体结构一定是对自身素质的诚实宣传，因为处于劣势的动物根本就没有能力来承担如此高昂的成本。扎哈维认为，成本高昂的结构是生存的累赘，而布朗夫妇则认为，成本高昂的结构要么对生存有利，要么与对生存有利的特征紧密相连。因此，成本高昂的结构就具有双重诚信的宣传作用：只有那些真正处于优势地位的动物才有能力承担高昂的成本，并借助这一成本，让自身的优势变得更突出。

例如，雄鹿的犄角代表着钙、磷酸盐和热量的巨大投入。然而，雄鹿每年都会长出新的鹿角，抛弃旧鹿角，因此只有那些自身条件最好的雄鹿，也就是那些成熟、拥有社会支配地位且没有寄生虫病的雄鹿才有能力承担如此巨大的投入。因此，雌鹿将巨大的鹿角视为雄性身体素质的诚信宣传，这就好比女子看到自己的男朋友每年都会换一辆全新的保时捷跑车，这使她相信他的确很富有。以上是犄角传递出的第一个信息，此外，它还会传达出第二个信息，而这个信息就连保时捷都无法传递出来。保时捷无法自行生成更多的财富，但巨大的犄角却能帮助拥有者打败竞争对手，吓退捕食者，从而获得条件最佳的草场。

人类的信号

现在，我们来看看上述解释动物信号进化的三种理论是否同样能解释人类身体特征的进化。不过在此之前，我们需要想一想，人类的身体是否具备这类需要解释的特征。我们一开始可能会认为，只有脑子笨的动物才需要利用遗传代码来生成一个醒目的特征，比如，这里长出一个红点，那里长出黑色条纹等，以搞清楚彼此的年龄、地位、性别、遗传质量，以及作为潜在伴侣的价值。相比之下，人类不仅拥有容量更大的大脑、更强的推理能力，还拥有语言能力，能据此来储存并传递更为详细的信息。既然通过聊天的方式便能轻松且准确地获知对方的年龄和地位，又何必再长出红点或黑色条纹来。有哪种动物能告诉同类，自己今年 27 岁，年收入 12.5 万美元，是全美第三大银行的第二助理副总裁？在寻找伴侣或性伙伴的过程中，人类通常都会先交往一段时间，这实际上就是在通过一系列的测试来准确评估对方为人父母的能力、人际交往的能力和基因的优劣。

答案很简单：上述说法纯属瞎扯。人类同样会依靠随意的信号来进行判断，就像长尾寡妇鸟会看尾羽，园丁鸟会看羽冠一样。人类的信号包括面容、气味、发色、男性的胡须、女性的乳房等。那么，在挑选伴侣，也就是成年生活中最重要的对象、经济伙伴、社会伙伴、孩子的共同抚育者的过程中，是什么让人类的信号比鸟类的长尾更合适呢？如果我们自认为拥有不受忽悠行为影响的信号体系，那么为什么有很多人还会化妆、染发以及隆胸呢？所谓的理智且谨慎的选择过程，就好比在走进一间满是陌生人的房间后，一眼便看出谁有吸引力，而谁没有。这“一眼”是以“性吸引”为基础的，是在无意识的情况下对对方的身体信号所做出的综合反应。美国的离婚率高达50%，这意味着，在选择伴侣的过程中，有一半情况是失败的。信天翁等成对结合的物种的“离婚”率比人类要低得多。看到这里，谁还敢说人类极富智慧，而其他动物愚钝不堪？

事实上，和其他物种一样，人类也进化出了许多象征着年龄、性别、生殖能力和个人素质的身体特征，以及对这些特征和其他特征的响应机制。生殖能力的日渐成熟是通过男女身体上长出的阴毛和腋毛得以体现的。人类男性会长出胡须和体毛，嗓音会变得低沉。本章开头讲到的那个小故事说明，人类对这些信号的反应会像鲭鸥幼鸟对父母喙部红点的反应一样既具体又强烈。对于人类女性而言，乳房的隆起便是生殖能力成熟的信号。步入老年阶段后，花白的发色成为生育能力退化的信号，同时也意味着成为传统社会中的智慧长者。肌肉（肌肉量适中、位置合理）是男性身体条件的信号，而脂肪（脂肪量适中、位置合理）是女性身体条件的信号。在选择伴侣或性伙伴时，为人们所关注的身体信号包括了与生殖成熟度和身体条件有关的所有信号。在不同的人群中，某一性别所拥有的信号以及受到异性青睐的信号并不完全相同。举例来说，生活在世界不同地方的男性，其胡须和体毛的疏密程度各有不同，而生活在世界不同地方的女性，其乳房和乳头的大小、形状，以及乳头的颜色也各有不同。所有这些身体结构之于人类的意义相当于鸟类身上的红点和黑色条纹之于鸟类的意义。另外，女性的乳房兼具了生理功能和信号功能。接下来，我们将会探讨男性的阴茎是否也兼具两类功能。

三组人类信号

为了理解动物的相应信号，科学家会对动物的身体进行一定程度的改造，比如将长尾寡妇鸟的尾羽剪短，或用颜料将鲭鸥喙部的红点遮盖住。出于法律、道德和伦理上的考虑，我们不能在人类身上进行这样的对照实验。同样，阻碍我们对人类信号进行深入探索的还有自身的强烈感受。这些感受会掩盖客观性。不过，我们也可以将文化上的巨大差异、个体之间的偏好差异，以及自我改造的巨大差异视为自然实验，借此加深我们对自身的理解，即便这些实验缺乏控制手段。在我看来，至少有三组人类信号符合动物学家科德里奇 – 布朗和詹姆斯 · 布朗所提出的“广告的真实性”理论：男性的肌肉、两性的面容，以及女性的体脂。

男性身上强健的肌肉总能让女性和其他男性暗自感叹。虽然职业健美运动员身上那极尽发达的肌肉会让有些人感到不适，但许多（大多数？）女性都认为，肌肉比例均衡的男性比骨瘦如柴的男性更具吸引力。男性还会将肌肉的强健程度视作一种信号，并以此快速判断出是跟某人干上一架，还是立马认怂。我和妻子常去健身房里锻炼，认识了一位名叫安迪的教练。他拥有强健的肌肉块，非常威武。每当他健身时，在场的所有女性和男性都会目不转睛地盯着他。在向学员讲解健身房器材的使用方法时，他会亲自做示范，并让学员将手放在那块得到了锻炼的肌肉上，以便学习正确的锻炼方式。毫无疑问，就教学方法而言，这样的讲解是有用的，但我敢肯定，安迪也为自己难以抵挡的魅力而骄傲。

至少，在以肌肉力量而非机器力量为基础的传统社会，肌肉的确是一种能反映出男性身体素质的真实信号，就像犄角之于雄鹿一样。一方面，肌肉令男性有能力收集食物、建造房屋、打败竞争对手。事实上，肌肉在传统男性身上发挥的作用比犄角在雄鹿身上发挥的作用要大得多，因为犄角只能用于争斗。另一方面，拥有其他优秀品质的男性更有能力获得蛋白质，并依靠蛋白质来增长并维持强健的肌肉。人们虽然可以通过染发来隐瞒实际年龄，却无法伪装出大块的肌肉。男性的肌肉并不只是为了吸引女性和震慑其他男性，而是为了发挥相应的功能，不像雄性园丁鸟那样，长出金色羽冠是为了给其他鸟看。此后，男性和女性才得以进化出或学会将肌肉视作真实信号的能力。

面容也是一种真实信号，虽然其背后的道理并不像肌肉那么直截了当。你仔细思考一下就会发现，在性吸引和社会吸引方面，人们对美貌的依赖特别强烈，甚至有些过分。或许有人会说，美貌并不代表基因优秀、为人父母的能力或收集食物的能力强，但面容是身体上最易受到年龄、疾病和伤痛摧残的部位。特别是在传统社会，面部带有伤疤或出现畸形的人在他人看来就是容易受到致畸的外力影响，或是没有能力照顾好自己，抑或感染上了寄生虫。由此看来，美貌是身体素质的真实信号，直到 20 世纪，人们才能通过高端的面部整形手术改变真实的面容。

最后一个要讨论的真实信号是女性的体脂。对于母亲来说，哺乳和照顾婴儿需要消耗大量的能量。如果营养状况不佳，母亲就很容易出现奶水不足的现象。在婴儿奶粉尚未诞生、产奶的有蹄类动物尚未被驯化的传统社会，如果母亲的奶水不足，会威胁到婴儿的性命。由此可见，对于男性而言，女性的体脂是一个真实的信号，证明其有能力养育后代。男性自然会偏好体脂量适中的女性：体脂太少的女性可能奶水不足，而体脂太多的女性可能会行动不便，收集食物的能力也会受到限制，还有可能患上糖尿病，过早离世。

如果脂肪均匀地分布在全身，就无法被轻易察觉。或许正是出于这个原因，女性的身体才进化出了在特定位置储集脂肪的能力，以便他人能随时看到并进行评估。不同人群储集脂肪的解剖学位置不尽相同。所有女性都倾向于在胸部和臀部储集脂肪，不过其程度会因地理位置的不同而有所不同。南非本地的桑族，也就是人们所称的布须曼人（Bushimen）和霍屯督人（Hottentots）的女性，以及孟加拉湾安达曼群岛上的女性，会将大量脂肪储聚在臀部，甚至出现臀脂过多的情况。世界各地的男性都会对女性的乳房、大腿和臀部产生兴趣，于是，现代社会便诞生了一种制造虚假信号的外科医疗技术——隆胸术。当然，你完全可以提出反对意见，认为某些男性对这些反映女性营养状态的信号并没那么感兴趣，而且时尚界也是一会看好骨感模特，一会又欣赏丰腴的模特。尽管如此，男性的总体兴趣点依然是非常明确的。

我们再一次以上帝视角，或达尔文视角来判断应该在女性身体的哪个部位囤积脂肪，并将此作为他人随时可见的真实信号。胳膊和腿不行，因为如果这些部位储集了大量脂肪，就会影响到走路或运动。身体的许多其他部位可供囤积脂肪，且完全不会影响运动。我刚刚提到过，不同种群的女性，其身体上进化出了三个不同的信号区域。随之而来的问题是，这些信号区域在进化过程中被选定的根据是什么，是完全随机的吗？为什么没有哪个种群的女性会将信号区域定在肚皮、后背等其他部位上？相较于胸部与臀部上的脂肪，肚子上囤积的脂肪并不会对运动造成多大的影响。有意思的是，所有女性都进化出了在胸部囤积脂肪的特点。乳房是男性通过脂肪囤积信号对女性哺乳能力进行评估的关键器官。因此，有些科学家认为，丰满的乳房不仅是总体营养状况良好的特征，还具有欺骗性，让人以为某位女性有能力分泌出大量奶水，之所以说欺骗，是因为奶水其实分泌自乳腺组织，而非胸部的脂肪。同样，丰满的臀部也是健康状况良好的真实信号，以及拥有宽大产道的欺骗信号。之所以说欺骗，是因为宽大的产道的确能将生育带来的各种风险降至最低，但仅有丰富的脂肪是解决不了任何问题的。

性装饰物是否具备进化意义

说到这里，我认为女性身体上的性装饰物具有进化意义，你很可能会提出反对意见。无论如何，女性身体的确具备发出性信号作用的结构，男性对女性身体上的这些特定结构也的确充满极大的兴趣。在这些方面，人类和群居的灵长类物种没什么两样。这些物种的种群是由大量的成年雄性和成年雌性组成的。黑猩猩、狒狒和猕猴与人类一样，群居而生，而且雌性和雄性身上都有性装饰物。相比之下，长臂猿和其他灵长类物种则以一夫一妻制、成对结合的方式离群索居，所以雌性身上就没有性装饰物。性装饰物只有在雌性为了博得雄性关注而互相竞争时才有意义，比如，在同一群体中，众多雄性和雌性朝夕相处，雌性为了让自己变得更具吸引力，便通过这场进化竞赛进化出了性装饰物。处于无竞争状态下的雌性自然无须大费周章地进化出性装饰物。

在大多数动物（包括人类在内）之中，雄性（男性）的性装饰物也具有进化意义，这一点毋庸置疑，因为雄性必定要为争夺雌性而相互竞争。不过，关于女性为了争夺男性而相互竞争，并为此进化出了身体上的性装饰物这一观点，科学家提出了三条反对意见。第一条反对意见认为，在传统社会，至少有 95% 的女性都会结婚。这一统计数据说明，基本上每位女性都能找到丈夫，根本不需要相互竞争。正如一位女性生物学家对我说的那样：“每个垃圾箱都有盖，每个丑女都能找到丑男。”

然而，为了增加自身的吸引力，女性会有意识地对身体进行装饰，并接受外科整容手术，这个事实让上述反对意见瞬间失去了说服力。事实上，不同的男性在基因、可控资源、为人父母的能力以及对妻儿的奉献程度上是千差万别的。虽然每位女性基本上都能找到配偶，但只有少数女人才能成功拥有优质的男性。为了这些屈指可数的精英男士，女性不得不费尽心机去争夺。虽然一些男性科学家看不透其中的真谛，但每位女性都对此心知肚明。

第二条反对意见指出，传统社会中的男性并没有机会通过参考性装饰物或其他方面的品质来自行选择妻子。他们的婚姻是由长辈亲友安排的，妻子自然也是由长辈亲友选定的，而选择的动机主要是为了巩固政治同盟。然而，在传统社会，例如我所工作过的新几内亚部落中，新娘的标价是以其受男性的欢迎程度为标准的，身体的健康状况和生儿育女的能力是重要的参考因素。这也就是说，虽然没有人在意新郎眼中的新娘的性吸引力，但为新郎做出选择的长辈亲友并不会忽略自己的看法。而且，男性在选择婚外情对象时，一定会考虑女子的性吸引力。传统社会中非婚生子的比例肯定要比现代社会多，因为传统社会中的丈夫在选择妻子时是无法遵从自身的性偏好的。另外，在传统社会，离婚和丧偶后再婚的情况也比较常见，而且男性在选择继任伴侣时拥有较大的自由。

第三条反对意见认为，受文化影响的审美标准会随着时间的推移而发生变化，且同一社会中的不同男性也具有不同的品味。比如，骨感美女可能在这一年不被看好，但在下一年可能会大受欢迎。当然，有的男性会始终如一地钟情于骨感美女。不过，这种情况至多让事情变得稍微复杂一些，却无法否定主要结论：总的来说，从古至今，世界各地的男性都喜欢营养状况良好、外表出众的女性。

性进化的神奇

我们所讨论的三种不同类型的人类性信号：男性的肌肉、两性的面容以及囤积于特定部位的女性体脂都基本上符合“广告的真实性”理论。然而，正如我在讨论动物信号时所讲的，不同的信号可能会符合不同的模式，人类也是如此。举例来说，无论男性还是女性，在青春期都会长出阴毛和腋毛，这是生殖能力趋向成熟的可靠信号，不过这个信号在进化上是完全随机的。这些部位长出的毛发与肌肉、面容和体脂不同，并不会传达出更深层次的信息。长出毛发既无须消耗多少能量，也无法直接为生存或养育后代做出贡献。营养不良虽然会让人形销骨立、面容清瘦，但基本上不会令阴毛脱落。就连瘦弱的男女性也会长出腋毛。男性的胡须、体毛和低沉的嗓音是成熟的信号，两性苍白的发色则是衰老的信号。这些信号同样不包含更深层次的意义。和鲭鸥喙部的红点以及其他许多动物的信号一样，人类的这些信号成本低廉，并且完全是随机的。你能想象到的许多其他信号同样能达到这种效果。

是否存在一些人类信号，它们可以体现出遗传学家罗纳德·费希尔的失控选择理论，或者动物学家阿莫兹·扎哈维的“诚信缺陷”理论呢？初看起来，人类似乎并不具备能与长尾寡妇鸟那长达 40.64 厘米的尾羽相提并论的特征，但细思之下，我不禁想到，说不定人类还真具备这样一种结构，那就是男性的阴茎。有人可能会表示反对，认为阴茎并不具备发出性信号的功能，不过是个设计精良的生殖器官而已。然而，严格地说来，这一观点算不上是反对意见。我们已经了解到，女性的乳房可以同时满足发出性信号和生殖两个需求。对比猿类近亲，我们不难发现，人类的阴茎同样超出了单纯的功能需求，其夸大的尺寸是具有信号功能的。大猩猩的阴茎勃起时的长度只有 7 厘米左右，猩猩的有 14 厘米左右，而人类男性的则有 12 厘米左右。然而，就体型而言，雄性大猩猩和猩猩比人类大得多。

人类阴茎多长出来的那几厘米是不是没有功能的奢侈品？有人反对说，和其他哺乳动物相比，人类有多种交合的姿势，而尺寸较长的阴茎可以适用于各种姿势。然而，虽然雄性猩猩的阴茎只有 14 厘米左右，但就丰富程度而言，它们交配时所采取的姿势丝毫不逊于人类。不仅如此，它们还能在树上摆出各种姿势，单凭这一点就足以让人类心服口服。还有观点认为，较长的阴茎能延长交合时间，可是猩猩在时间上也完胜人类（猩猩交合的平均时长为 15 分钟，而美国男性只有短短的 4 分钟）。

对于阴茎能发出某种信号的推理，一种方式是，假设男性有机会对自己的阴茎进行设计，而不只是依赖于进化，然后看看会产生何种结果。生活在新几内亚高地的男性会将阴茎包裹在一种叫作阳具鞘的装饰性护套中。这个护套长达 61 厘米左右，直径约 10 厘米，常常被涂上明艳的红色或黄色，顶端镶嵌着毛皮、树叶或带叉的装饰物。去年，当我第一次在位于星山（Star Mountains）的科腾班（Ketengban）部落中见到戴着阳具鞘的新几内亚男性时，对其使用方式以及当地人对此的看法非常感兴趣。当地男性总会带着阳具鞘，至少我每次看到他们时是这样。每位男性都有好几个阳具鞘，其尺寸、装饰物和勃起角度各有不同。男性会依据当天的心情选一个来戴，就像我们每天早上会凭心情选衬衫一样。在被问及为什么要戴阳具鞘时，他们回答说，如果不戴，就会有种浑身赤裸的感觉，而且也不合规矩。这个答案让我颇为惊讶，因为从我这个西方人的视角来看，这些科腾班男性本来就全身赤裸，就算戴着阳具鞘，睾丸也依然暴露在外。

实际上，阳具鞘就是一个醒目的勃起状态下的假阴茎，代表着这些男性想要获得的理想状态。可惜的是，男性阴茎的长度受到了女性阴道长度的限制，而阳具鞘的外形则告诉我们，如果人类阴茎未受到实际功能的限制，将会长成什么样。这个信号比长尾寡妇鸟的尾羽还要大胆。就外观而言，真实的阴茎虽然比阳具鞘逊色一些，但以猿人的标准来看，已经长出了许多。黑猩猩的阴茎也比其祖先的长很多，足以和人类男性的阴茎一决高下。显然，阴茎的进化是符合费希尔提出的失控选择理论的。从和现代大猩猩或者猩猩的阴茎相仿的古猿的 3.81 厘米的阴茎开始，人类阴茎的大小在进化历程中不断增大，为其拥有者带来的好处就是，能发出越来越明显的性信号，直到有一天再难进入女性阴道，阴茎才停止变长。

人类的阴茎同样能反映出扎哈维的“诚信缺陷”理论。成本高昂的结构会成为其拥有者的负担。的确，相较于孔雀的大尾巴，人类阴茎的个头算小的，成本也没有那么高昂。不过，人类阴茎的尺寸已经足够大了，如果将多余的组织用以补充大脑皮质，那么经过重新设计的男性就能拥有一个更发达的大脑，从而获得巨大的优势。因此，阴茎变长的成本可以被视作一种失去的机会成本：因为对于每位男性而言，可用的生物合成能量都是有限的，而挥霍在某一结构上的能量本可以用在另一结构上。事实上，男性通过这种方式来炫耀："我如此聪明优秀、技压群雄，我的大脑根本用不着更多细胞质，况且我应付得了大阴茎这个累赘。"

值得讨论的是，究竟哪些人理所当然地认为阴茎代表着刚强有力的男子汉气概？大多数男性都会认为，被这种外形迷倒的都是女性，而女性却称，自己更容易被男性身上的其他特征吸引。当看到阴茎时，女性并不会觉得心情愉悦。真正对阴茎及其尺寸执迷不悟的是男性自己。在男更衣室里，男人们总喜欢相互打量彼此的天赐之物。

就算有些女性会喜欢尺寸较大的阴茎，或是在交合过程中因大阴茎对阴蒂和阴道的刺激而获得满足，我们的讨论也没必要争个非此即彼，也没必要非得认为这一信号只为某一性别拥有。动物学家发现，许多物种的性装饰物都具有双重功能：吸引潜在的异性伴侣，以及在同性竞争中确立支配地位。在性装饰物方面，人类依然传递着历经成百上千万年、由脊椎动物特质进化而来的性征。艺术、语言和文化只是最近才被融入传承之中的新修饰物。

由此可见，人类阴茎可能存在的信号功能以及该信号（如果存在）所面向的受众，依然没有明确的答案。这一话题非常适合用作本书的结尾，因为它恰当地反映了本书的主旨：人类性征的进化历程至关重要，一方面充满趣味，另一方面遭遇了极大的困难。阴茎的功能不仅是一个生理学课题（如果是，那么利用液压模型来做生物力学试验，就可以对功能做出解释），还是一个进化学课题。之所以称其为进化学课题，是因为人类阴茎的尺寸经由 700 万到 900 万年的进化，已在祖先阴茎尺寸的基础上翻了 4 倍。如此大的增幅，我们需要从历史角度和功能角度做出解释。就像对女性的泌乳和隐秘的排卵期、男性在社会中的角色，以及女性更年期所做的分析一样，我们应该提出这样一个问题，究竟是什么样的选择力量使人类的阴茎随着历史的演进不断增大，并且直到现在依然维持着这样的尺寸。

阴茎的功能这一话题之所以适合用作本书的结尾，还因为这个话题看似毫无疑点。谁都知道阴茎的功能是排尿、射精以及在交合时刺激女性。不过，通过对比，我们得知，在动物界的其他物种身上，这些功能可以通过尺寸小得多的阴茎实现；我们还得知，这种超出常规尺寸的身体结构能通过不同的方式进化出来，至于个中缘由，生物学家至今仍未完全搞明白。由此可见，就连人类最熟悉、最常用的性器官也成为一段未解的进化之谜，令人不禁在惊讶之余，赞叹大自然的博大与神奇。

未来，属于终身学习者

我这辈子遇到的聪明人（来自各行各业的聪明人）没有不每天阅读的——没有，一个都没有。巴菲特读书之多，我读书之多，可能会让你感到吃惊。孩子们都笑话我。他们觉得我是一本长了两条腿的书。

——查理·芒格

互联网改变了信息连接的方式；指数型技术在迅速颠覆着现有的商业世界；人工智能已经开始抢占人类的工作岗位……

未来，到底需要什么样的人才？

改变命运唯一的策略是你要变成终身学习者。未来世界将不再需要单一的技能型人才，而是需要具备完善的知识结构、极强逻辑思考力和高感知力的复合型人才。优秀的人往往通过阅读建立足够强大的抽象思维能力，获得异于众人的思考和整合能力。未来，将属于终身学习者！而阅读必定和终身学习形影不离。

很多人读书，追求的是干货，寻求的是立刻行之有效的解决方案。其实这是一种留在舒适区的阅读方法。在这个充满不确定性的年代，答案不会简单地出现在书里，因为生活根本就没有标准确切的答案，你也不能期望过去的经验能解决未来的问题。

湛庐阅读App：与最聪明的人共同进化

有人常常把成本支出的焦点放在书价上，把读完一本书当作阅读的终结。其实不然。

时间是读者付出的最大阅读成本
怎么读是读者面临的最大阅读障碍
“读书破万卷”不仅仅在“万”，更重要的是在“破”！

现在，我们构建了全新的“湛庐阅读”App。它将成为你“破万卷”的新居所。在这里：

- 不用考虑读什么，你可以便捷找到纸书、有声书和各种声音产品；
- 你可以学会怎么读，你将发现集泛读、通读、精读于一体的阅读解决方案；
- 你会与作者、译者、专家、推荐人和阅读教练相遇，他们是优质思想的发源地；
- 你会与优秀的读者和终身学习者为伍，他们对阅读和学习有着持久的热情和源源不绝的内驱力。

从单一到复合，从知道到精通，从理解到创造，湛庐希望建立一个“与最聪明的人共同进化”的社区，成为人类先进思想交汇的聚集地，与你共同迎接未来。

与此同时，我们希望能够重新定义你的学习场景，让你随时随地收获有内容、有价值的思想，通过阅读实现终身学习。这是我们的使命和价值。

湛庐阅读App玩转指南

湛庐阅读App结构图:

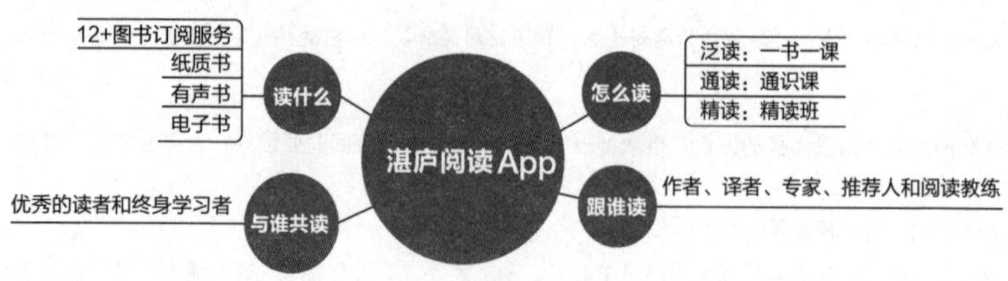

三步玩转湛庐阅读App:

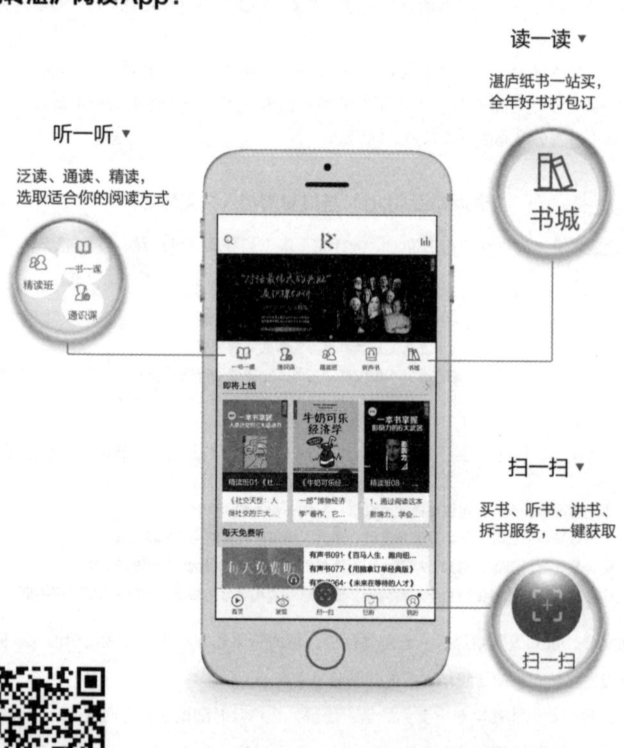

App获取方式：
安卓用户前往各大应用市场、苹果用户前往App Store
直接下载“湛庐阅读”App，与最聪明的人共同进化！

使用App扫一扫功能，遇见书里书外更大的世界！

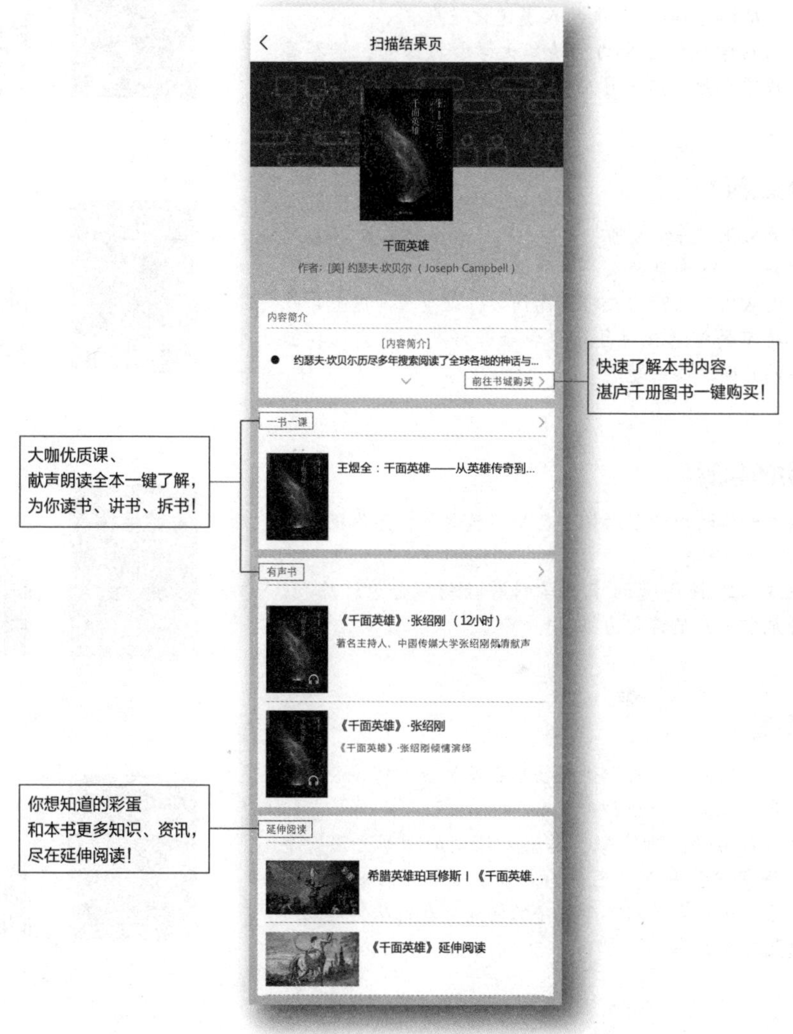

延伸阅读

《人类的起源》

◎ 亲身挖掘化石的新鲜刺激，打破知识边界的大师视野，破解1000万年来的人类进化谜题。

◎ 中国科学院院士金力，清华大学教授陈劲，世界著名哲学家丹尼尔·丹尼特联袂推荐！

《基因之河》

◎ 湛庐文化“科学大师”书系，继《自私的基因》之后，理查德·道金斯的又一经典名作！

◎ 基因从何而来？它又将走向何方？理查德·道金斯以其特有的智慧和对复杂事物条分缕析的能力让我们得以直面这些谜题。

《宇宙的起源》

◎ 权威天体物理学家约翰·巴罗经典之作，为你揭晓宇宙起源之谜！

◎ 一本人人读得懂的宇宙学科普读物！金力、陈劲、丹尼尔·丹尼特鼎力推荐！

《六个数》

◎ 物理学家马丁·里斯讲述物理世界的惊人巧合——塑造宇宙命运的六个神奇数字。

◎ 作为权威的物理学家，作者以深刻的洞察力用六个数将宇宙学中看似无关的众多发现联系在一起，回答了一个人类追问了千百年的问题：我们从何处来？到何处去？